Staines · Brostoff · James

Immunologisches Grundwissen

Norman Staines
Jonathan Brostoff
Keith James

Immunologisches Grundwissen

Übersetzt und bearbeitet von
M.W. Hess, Bern

3., durchgesehene und erweiterte Auflage

GUSTAV FISCHER

Stuttgart · Jena · Lübeck · Ulm

Titel der Originalausgabe: Introducing Immunology. Second edition.

Published in 1993 by Mosby-Yearbook Europe Limited

Anschriften der Autoren:

Norman Staines BSc. PhD
Professor of Immunology, Immunology and Parasitology Group, King's College London, Campden Hill Road, London W8 7AH
Jonathan Brostoff MA., DM (Oxon), DSc, FRCP, FRCPath
Reader in Clinical Immunology, Department of Immunology, University College London Medical School, Arthur Stanley House, 40–50 Tottenham Street, London W9 9PG
Keith James PhD, DSc, FRCPath, FRSE
Professor of Immunology, Department of Surgery, The Medical School, University of Edinburgh, Teviot Place, Edinburgh EH8 9AG

Die Deutsche Bibliothek – CIP-Einheitsaufnahme

Staines, Norman:
Immunologisches Grundwissen / Norman Staines ; Jonathan Brostoff ; Keith James. Übers. und bearb. von M. W. Hess. – 3., durchges. und erw. Aufl. – Stuttgart ; Jena ; Lübeck ; Ulm : G. Fischer, 1997
Einheitssacht.: Introducing immunology <dt.>
ISBN 3-437-25356-5

Umschlaggestaltung: SRP, Ulm
Satz: Typomedia, Scharnhausen
Druck und Einband: Wilhelm Röck, Weinsberg
Printed in Germany

Vorwort der Autoren

Immunologie erfreut sich in der Öffentlichkeit eines großen Ansehens. Immer wieder kommen in den Medien immunologische Erkenntnisse und Probleme zur Sprache, die von Wissenschaftern aller Sparten aufmerksam verfolgt werden. Die Immunität gegen Infektionskrankheiten ist allgemein bekannt, aber die Bedeutung der Immunologie geht weit über diese Schutzmechanismen hinaus. Man kann sich nur mit größter Mühe Krankheiten oder Krankheitsgruppen vorstellen, bei denen immunologische Mechanismen nicht mindestens in Teilaspekten maßgeblich beteiligt sind. Dies weist auf die allgemeine Bedeutung des Immunsystems für die Bewahrung der Gesundheit hin.

Die Sprache und die von Immunologen verwendeten Ausdrücke sind – wie diejenigen aller Spezialgebiete – schwer verständlich, und wir beabsichtigen mit diesem Buch der Leserin und dem Leser in dieser Hinsicht zu helfen. Gleichzeitig hoffen wir, die Begeisterung für ein Gebiet weiterzugeben, dem wir während unseres ganzen Forscherlebens ungeteilte Aufmerksamkeit schenkten und hoffentlich auch weiter schenken können.

Dies ist bereits die zweite Auflage dieses Buches. Die erste Auflage entstand 1985 auf Anregung und mit Unterstützung der British Society for Immunology; maßgebend war die Idee, das Gebiet der Immunologie Studierenden in Schulen und Hochschulen näher zu bringen. Der Versuch war erfolgreich und ermunterte uns, den Text neu zu schreiben.

Obschon sich in der Zwischenzeit vieles verändert hat, wurde der ursprüngliche Titel beibehalten, und auch die Neuausgabe dieses Buches hält sich treu an seinen ursprünglichen Zweck: die Grundlagen der Immunologie zu vermitteln. Zahlreiche ausgezeichnete Fachbücher gehen weit über das hier vermittelte Basiswissen hinaus, das lediglich den Einstieg erleichtern soll. Die Fortschritte in der Immunologie überstürzen sich, und viele neue Erkenntnisse zwingen uns, ein großes Gebiet abzudecken. Dies ist der Grund, weshalb die vorliegende Ausgabe umfangreicher und mit mehr Abbildungen ausgestattet wurde. Die Abbildungen sind auch als Diapositive (in englischer Version, d. Ü.) erhältlich; die vielen Kollegen, welche die erste Ausgabe als Hilfsmittel im Unterricht einsetzten, werden dies zu schätzen wissen.

Wir gaben uns große Mühe, den immunologischen Fachjargon, wo immer möglich, zu vermeiden. *Kursiv* gedruckte Spezialausdrücke werden im Glossar erläutert und neue Begriffe bei ihrem ersten Erscheinen im Text erklärt. Die Abbildungen mit ihren Legenden sind selbsterklärend, sollen aber auch das Verständnis für den Text erleichtern. Stellenweise werden in der ersten Auflage fehlende Einzelheiten erwähnt, weil die erwähnten Beobachtungen wegen neuerer Erkenntnisse an Wichtigkeit gewonnen haben.

Das Gebiet der Immunologie wächst und entwickelt sich mit einer Geschwindigkeit, die sogar Fachspezialisten überrascht. Für viele Kolleginnen und Kollegen liegt gerade darin der Reiz dieses Faches. In der ersten Auflage haben wir das letzte Kapitel mit dem Titel «Grenzen der immunologischen Forschung» überschrieben. Rückblickend stellen wir fest, daß inzwischen (fast) alle der damals spekulativen Äußerungen bestätigt wurden und in den Text dieser Auflage übernommen werden konnten. Dieser Umstand allein wies darauf hin, daß die Zeit für eine Neuauflage reif war. Im vorliegenden Buch erwähnen wir wiederholt verschiedene hochinteressante Ergebnisse der immunologischen Forschung, von denen wir annehmen, daß sie in kurzer Zeit in der Klinik praktisch genutzt werden.

Wir grüßen unsere bereits bekannten Leserinnen und Leser und heißen alle neuen willkommen: Dieses Buch wurde für Sie geschrieben, und wir hoffen, daß Sie Freude daran haben.

Norman Staines · Jonathan Brostoff · Keith James

Anmerkungen des Übersetzers zur 3. Auflage

Die vor drei Jahren publizierte Übersetzung von «Introducing Immunology» (N. Staines, J. Brostoff and K. James) unter dem deutschen Titel «Immunologisches Grundwissen» war Ende 1996 vergriffen. Da die britischen Autoren keine Neuauflage vor der Jahrtausendwende beabsichtigen, entschloß sich der Gustav Fischer Verlag zu einem Neudruck des 1994 erschienenen Taschenbuchs. Dieser Neudruck wird zum Anlaß genommen, den in seinem Wesen immer noch gültigen Inhalt mit einigen neueren Erkenntnissen zu ergänzen sowie geringfügige Korrekturen am Text anzubringen. Auf erneute Spekulationen über Zukunftsaussichten wurde verzichtet – mehrere der in der Originalausgabe prognostizierten Errungenschaften sind bereits Tatsache geworden!
Die Ergänzungen, welche vor allem die Klassifizierung der T-Lymphozyten, Wesen und Verwendungszweck transgener und sogenannter «knockout»-Mäuse betreffen, sind in einem kurzen Zusatzkapitel am Schluß des Buches zusammengefaßt. Der Abschnitt über die HIV-Infektion wurde von Frau Dr. B. Schultze neu geschrieben. Diese neuen Texte wären wohl ohne die wertvollen Beiträge von Frau Dr. K. Munk, Lektorin des Gustav Fischer Verlags, nicht zustande gekommen, und ich bedanke mich an dieser Stelle herzlich für ihre Mithilfe und Anregungen.

Bern, im April 1997 M. W. Hess

Inhaltsverzeichnis

Einleitung

Gehören Sie zu den glücklichen Leuten, die selten an Schnupfen oder anderen Infekten leiden, während ihre Freunde häufig krank darniederliegen? Wenn dem so ist, verdanken Sie dieses Privileg einem wirksamen Immunsystem. Dieses Abwehrsystem beruht auf dem komplizierten Zusammenspiel von Zellen und ihren Produkten, die Immunität oder Resistenz gegenüber Infektionen mit Mikroorganismen und anderen größeren Parasiten verleihen. Dieser Schutz stellt sich ein als Folge der zufälligen Begegnung mit krankmachenden Mikroorganismen oder wird mit einer aktiven Immunisierung (Impfung) erworben.

Die durch Krankheitserreger ausgelösten Reaktionen des Abwehrsystems sind für das Überleben von zentraler Bedeutung und deshalb für die Gesunderhaltung meistens nützlich. Die Abwehrmechanismen verhindern den Eintritt von Mikroorganismen in den Körper; gelingt dies nicht, sorgen sie dafür, daß die Erreger in ihrer Vermehrung eingeschränkt oder aus dem Körper entfernt werden, was längerdauernde oder schädliche Wirkungen verhindert. Allerdings hat dieser vitale Schutz unter Umständen seinen Preis: die Kontrolle der Infektion gelingt manchmal nur unter Inkaufnahme einer – meistens vorübergehenden – Schädigung der Gewebe, die den Krankheitserreger beherbergen. Daneben kennt man Situationen, in denen das Immunsystem überreagiert und dadurch den Körper eher schädigt als sich nützlich erweist. Als Beispiele können Heuschnupfen, durch Nahrungsmittel, Kosmetika und Medikamente ausgelöste Allergien sowie eine Reihe sogenannter Autoimmunkrankheiten angeführt werden. Bei letzteren ist bezeichnend, daß sich die Immunreaktion gegen körpereigene Gewebe richtet und diese schädigt; so führt beispielsweise bei der recht häufigen chronischen Polyarthritis die Überreaktion des Immunsystems zu einer Zerstörung der Gelenke.

Mangelhafte oder beeinträchtigte Immunreaktionen können sich als ebenso gefährlich erweisen, da sie zu erhöhter Infektanfälligkeit führen. In seltenen Fällen geht der Immunmangel auf angeborene Defekte des Immunsystems zurück. Weit häufiger ist er direkte Folge der Anwendung von Medikamenten, welche die Aktivitäten des Immunsystems hemmen, wie beispielsweise der Einsatz von immunsuppressiven Medikamenten bei Empfängern von Gewebetransplantaten. Mangelernährung – wie die vielen Erfahrungen in Drittweltländern zeigen – führt ebenfalls zur Schwächung des Immunsystems. Sogar der Mangel an bestimmten Spurenelementen wie beispielsweise Zink kann eine Herabsetzung der Immunreaktivität verursachen. Schließlich zeigen die Erfahrungen der letzten Jahre deutlich, daß auch gewisse Viren die Zellen des Immunsystems auf gefährliche Weise beeinträchtigen und dadurch das Infektionsrisiko des Körpers bedeutend erhöhen. Am besten bekannt ist das «human immunodeficiency virus» (HIV), der Erreger des «acquired immunodeficiency syndrome» (AIDS).

Die Immunologie beschäfigt sich als wissenschaftliche Disziplin mit dem Immunsystem. Dabei geht es um Fragen der Funktion dieses

Tabelle 1: Nobelpreise und Immunologie

Jahr	Nobelpreisträger	Entdeckung
1901	Emil von Behring	Serumimmuntherapie
1905	Robert Koch	Entdeckung des Tuberkulose-Erregers und des Tuberkulins
1908	Paul Ehrlich	Theorien der Antikörperbildung
	Elie Metchnikoff	Mechanismen der Phagozytose
1913	Charles Richet	Entdeckung der Anaphylaxie
1919	Jules Bordet	Mechanismen der Komplementvermittelten Hämolyse
1930	Karl Landsteiner	Entdeckung menschlicher Blutgruppen
1951	Max Theiler	Impfstoff gegen Gelbfieber
1957	Daniel Bovet	Antihistaminika zur Behandlung von Allergien
1960	F. MacFarlane Burnet und Peter B. Medawar	Erworbene immunologische Toleranz
1972	Rodney R. Porter und Gerald M. Edelman	Chemische Struktur der Antikörper
1977	Rosalyn Yalow	Radioimmunologische Methoden zum Nachweis von Peptidhormonen
1980	Baruj Benacerraf, Jean Dausset und George Snell	Funktion des «major histocompatibility complex» («Komplex der Transplantations-Gene»)
1984	Cesar Milstein und Georges F. Köhler	Technik der Herstellung monoklonaler Antikörper
	Niels K. Jerne	Theorien zur Funktion des Immunsystems
1987	Susumu Tonegawa	Genetische Basis der Antikörpervielfalt
1990	Joseph Murray	Beiträge zur Nierentransplantation
	Donell Thomas	Transplantation menschlichen Knochenmarks
1996	Peter C. Doherty und Rolf M. Zinkernagel	Spezifität der zellvermittelten Immunabwehr

Systems, seiner Reaktionsweise, allfälliger Fehlleistungen und deren Korrektur sowie um Möglichkeiten, den Immunapparat zum Wohle des kranken Menschen zu manipulieren. Dank des Einsatzes von Wissenschaftlern mit unterschiedlichster Ausbildung machte die Immunologie in den vergangenen Jahren große Fortschritte, und unsere Kenntnisse werden ohne Zweifel weiterhin rapide zunehmen. Biochemiker und Chemiker, Molekularbiologen und Genetiker, Zoologen und Veterinärmediziner, Mediziner und Chirurgen haben alle ihren Beitrag geleistet. Die Bedeutung der Immunologie für die Menschheit wird durch die Tatsache unterstrichen, daß in diesem Jahrhundert 15 Nobelpreise an Wissenschaftler verliehen wurden, die in irgendeiner Form zur Vertiefung immunologischer Kenntnisse und ihrer Anwendung beitrugen (Tab. 1). In den vergangenen Jahren gelangten Forscher zu Ehren, die sich mit den Mechanismen der Transplantatabstoßung, der Struktur der Antikörpermoleküle und der genetischen Kontrolle der Immunantwort auseinandersetzten. Andere entwickelten innovative Methoden zur Herstellung immunologischer Reagenzien, die sich als besonders nützlich für die Diagnose und Behandlung von Krankheiten erwiesen. Kürzlich wurden die außerordentlichen Beiträge von Joseph Murray für die Nieren- und diejenigen von Donell Thomas für Knochenmarkstransplantationen mit der Verleihung des Nobelpreises geehrt.

Die raschen Fortschritte der Immunologie beruhen zum Teil eindeutig auf dem Einsatz von Forschern anderer Fachrichtungen, andererseits werden die erzielten Erfolge von vielen Disziplinen genutzt. Abgesehen von immunologischen Techniken, die heute in vielen Sparten der Wissenschaft und der Medizin im Einsatz stehen, hat sich das Immunsystem selbst als variantenreiches Objekt des Grundlagenstudiums in Zell- und Molekularbiologie erwiesen. Verschiedene Modellsysteme für Untersuchungen über Entwicklungs- und Aktivierungsvorgängen, viele verschiedene Zellinteraktionen sowie die komplexe Kontrolle der Proteinsynthese gründen beispielsweise auf dem Immunsystem.

Trotzdem ist noch manches unklar, und viele Erkenntnisse können bisher noch nicht in erwünschtem Maß zum Wohle des gesunden oder kranken Menschen eingesetzt werden. Wir müssen unser Verständnis der Immunreaktionen auf molekulärer und zellulärer Ebene vertiefen, und dies bedingt auch in Zukunft vereinte Anstrengungen von Forschern mit breitgestreuter wissenschaftlicher Fachausbildung. Eine besonders große Herausforderung liegt in der Entwicklung von Maßnahmen, mit denen verschiedene Teile des Immunsystems selektiv beeinflußt werden können. Voraussetzung für das Gelingen dieses Vorhabens ist der selbstlose Einsatz klinisch tätiger und naturwissenschaftlicher Forscher; dieser Einsatz wird sich als äußerst wertvoller Beitrag zur Verhütung und Behandlung vieler Krankheiten erweisen.

Mit diesem Buch versuchen wir, die Grundzüge dieses wichtigen und offensichtlich sehr komplizierten Gebietes einem breiten Kreis zu öffnen. Leserin und Leser werden mit der Organisation und der Funktionsweise des Immunsystems vertraut gemacht. Die zentrale Bedeutung des Immunsystems für die Erhaltung der Gesundheit wird unterstrichen, ebenso wie Fehlleistungen der Abwehr und Möglichkeiten einer funktionellen Beeinflußung. Schließlich beabsichtigen wir, Begeisterung für dieses Wissensgebiet zu wecken und die Einsicht zu propagieren, daß die berufliche Beschäftigung mit Problemen der Immunologie sowohl aufregend als auch lohnend sein kann.

Immunität und die Komponenten des Immunsystems

1. Einführung

Zum Immunsystem gehören Gewebe, Zellen und Zellprodukte, deren physiologische Hauptaufgabe darin besteht, das Eindringen infektiöser Mikroorganismen zu verhindern und damit die innere Unversehrtheit des Organismus zu gewährleisten. Daneben erfüllt das Immunsystem noch andere wichtige Aufgaben, die weit über die eigentliche Infektabwehr hinausgehen. So tragen Zellen des Immunsystems beispielsweise zur Wundheilung bei und sind am Wegschaffen von zugrundegegangenen Zellen beteiligt.

1.1 Die dynamischen Wechselwirkungen innerhalb des Immunsystems

Hauptmerkmal des Immunsystems ist, daß seine Funktionen in vielerlei Wechselbeziehungen zum neuroendokrinen, gastrointestinalen, respiratorischen, urogenitalen und muskuloskeletalen System stehen. Die Zellen des Immunsystems sind überall im Körper anzutreffen, und viele von ihnen befinden sich auf ständiger und aktiver Wanderschaft innerhalb des Gesamtorganismus.
Die Funktionen des Immunsystems werden besser verständlich, wenn man sich die gegenseitige Beeinflußung der Abwehrzellen und der übrigen Körperzellen vor Augen hält. Dann wird klar erkennbar, daß die funktionelle Integrität des Immunsystems eine der Hauptvoraussetzungen für die funktionelle Integrität des Gesamtorganismus darstellt. Bei Fehlleistungen des Immunsystems werden andere physiologische Systeme Schaden leiden, und umgekehrt führen Störungen in anderen Systemen häufig zu einer Beeinträchtigung der Infektabwehr. Patienten mit einem Cushing-Syndrom produzieren beispielsweise abnorm hohe Mengen eines Nebennierenhormons (Kortison), das die Aktivität des Immunsystems hemmt. Direkte Folge davon ist eine erhöhte Infektanfälligkeit. Einsicht in weitere derartige

Zusammenhänge zu gewinnen ist eine der großen Herausforderungen, die an die Immunologie als Wissenschaft gestellt werden.
Die Haut sowie die Epithelien des Respirations-, Gastrointestinal- und Urogenitaltrakts bilden gewichtige physikalische und chemische Hindernisse gegen das Eindringen von infektiösen Mikroorganismen und bilden dadurch eine erste Abwehrlinie. Zwar machen diese Barrieren in ihrer Gesamtheit das aus, was *natürliche* (Infektions-) *Resistenz* genannt wird (oft auch als «natürliche» oder «angeborene Immunität» bezeichnet), sind aber in ihrer Funktion keineswegs vollkommen. Gewisse Mikroorganismen haben sich in ihrer Evolution dem menschlichen Wirt so angepaßt, daß viele unter ihnen zunächst der Zerstörung oder Elimination entgehen und Körperbarrieren überwinden können, ganz besonders dort, wo der schützende Epithelüberzug beschädigt ist. In allen diesen Fällen kommen die Zellen des Immunsystems zum Zug: sie erkennen die eingedrungenen Mikroorganismen als körperfremd und lösen eine *Immunreaktion* aus, die im Idealfall für die Neutralisation und Zerstörung der Eindringlinge sorgt. Im Verlaufe dieses Abwehrprozesses wird das Immunsystem zudem selbst verändert: bei erneuter Konfrontation mit demselben Krankheitserreger setzt die Immunantwort nicht nur rascher ein, sondern ist auch aggressiver und wirkungsvoller als beim Erstkontakt. Dies wird als *sekundäre Immunantwort* bezeichnet und zeigt, daß sich ein Zustand *erworbener Immunität* gegen den Erreger gebildet hat. Die erworbene (oder adaptive) Immunität zeichnet sich überdies durch die einzigartige Eigenschaft aus, für den auslösenden Mikroorganismus spezifisch zu sein. In dieser Hinsicht unterscheidet sich die Immunität grundlegend von der natürlichen Resistenz, die unspezifisch ist und sich auch nach wiederholtem Kontakt mit einem Erreger kaum ändert. Die erworbene Immunität weist demnach eine weitere Eigenschaft auf, die als spezifisches immunologisches *Gedächtnis* bezeichnet wird.

1.2 Natürliche und adaptive Abwehrfunktionen

Im Grunde genommen dient die Unterscheidung natürlicher und erworbener Abwehrfunktionen nur dem besseren Verständnis, sind doch die beiden Formen untrennbar miteinander verbunden. Die Mechanismen der natürlichen Resistenz bilden die Grundlage für die Zerstörung infektiöser Mikroorganismen (vereinfachend soll dieser Begriff für alle Klassen infektiöser Krankheitserreger verwendet werden). Andererseits führen die Mechanismen der erworbenen Immunität zur wirkungsvollen Verfeinerung und Verstärkung der Resi-

stenzfunktionen, einschließlich der Fähigkeit, sich bei erneuter Begegnung mit einem bestimmten Mikroorganismus an eine gleiche, bereits durchgemachte Infektion zu erinnern.
Wir sind alle vertraut mit dem Nutzen der *Schutzimpfung*: mit ihr wird künstlich der Zustand der erworbenen Immunität geschaffen, und sie illustriert eindrücklich den Begriff der Spezifität. Eine Polio-Schutzimpfung, beispielsweise, führt zur Immunität gegen die Infektion mit Polio-Viren, schützt aber nicht vor einer Infektion mit Erregern der Influenza. Die durch Impfung erworbene Immunität ist spezifisch und vermag außerordentlich feine Unterschiede zwischen einzelnen Mikroorganismen zu unterscheiden. Die Entwicklung eines Universalimpfstoffs gegen Schnupfen erweist sich unter anderem deshalb als kaum zu lösendes Problem, als viele verschiedene Viren eine «Erkältung» auslösen können, ohne daß es im einzelnen zu einer generell schützenden Immunreaktion kommt. Wir kommen bei der Besprechung der antiviralen Immunität auf dieses Problem zurück.

Tabelle 2: Vergleich der Eigenschaften von natürlicher Resistenz und erworbener Immunität
Die Abwehrfunktionen werden zwar traditionsgemäß diesen beiden Kategorien zugeordnet, die engen Beziehungen und Interaktionen einzelner Komponenten der natürlichen Resistenz und der erworbenen Immunität müssen jedoch stets berücksichtigt werden. Entwicklungsgeschichtlich ist die Resistenz älter, und man kann sich vorstellen, daß alle Mechanismen der adaptiven Immunität dazu dienen, diejenigen der natürlichen Resistenz zu verstärken und wirksamer zu machen. Die Phagozytose ist für alle Abwehrvorgänge von zentraler Bedeutung.

	Natürlich	**Erworben**
Resistenz	Auch bei wiederholter Infektion unverändert	Durch wiederholte Exposition gesteigert (= «Gedächtnis»)
Spezifität	Im allgemeinen gegen alle Mikroorganismen gleich	Spezifisch für den auslösenden Mikroorganismus
Effektorzellen	Phagozyten NK-Zellen	Lymphozyten
Effektormoleküle	Lysozym Komplement Akutphasenproteine Interferone	Antikörper Zytokine aus Lymphozyten

1.3 Infektionsschutz

Das Verständnis für die Art und Weise, wie das Immunsystem unseren Körper vor Infektionskrankheiten schützt, wird erleichtert, wenn man sich die Vielfalt der wechselseitigen Beziehungen zwischen dem Makroorganismus – dem Wirt – und dem infektiösen Mikroorganismus – dem Angreifer – vor Augen führt. Der durch Infektionen ausgeübte Evolutionsdruck machte das Immunsystem zu dem mit vielen Reaktionsmöglichkeiten ausgestatteten, anpassungsfähigen Organ- und Zellkomplex wie wir ihn im Säugerorganismus antreffen. Als Reaktion auf die zunehmende Meisterschaft und Verfeinerung der Abwehrfunktionen des Immunsystems «lernten» andererseits einzelne Erregerstämme, den Angriffen der Immunreaktionen auf trickreiche Weise zu entgehen. Verschiedene derartige Erreger werden später erwähnt, aber auf HIV, den Erreger von AIDS, muß als wichtiges und zeitgemäßes Beispiel bereits hier hingewiesen werden. Wie alle anderen Viren verbringt auch HIV den größten Teil seines Daseins versteckt im Innern von Zellen – in diesem Falle Zellen des Immunsystems – und wird vom Abwehrsystem nicht wahrgenommen. Obschon Immunreaktionen gegen virale Proteine in Gang gesetzt werden, können diese das verborgene Virus nicht direkt schädigen und erweisen sich hinsichtlich der Viruselimination als wenig wirkungsvoll. Malariaparasiten – wahrscheinlich für eine größere Zahl jährlicher Todesfälle verantwortlich als jeder andere Krankheitserreger – verbergen sich in Erythrozyten und Leberzellen, wo sie vom Immunsystem nicht ohne weiteres angegriffen werden können. Während den Phasen ihres Lebenszyklus, die sie verwundbar außerhalb von Zellen verbringen, wechseln sie ihre Oberflächenproteine aus; dadurch wird der Erkennungsprozeß durch das Immunsystem erschwert, und die Immunreaktion erfolgt meist erst, wenn sich die Parasiten längst wieder im Schutz anderer Zellen aufhalten.

1.4 Antigene

Substanzen, die spezifische Immunreaktionen auslösen, werden als *Antigene* bezeichnet und sind normalerweise nicht Bestandteil unseres Körpers. Zusätzlich zu den Antigenmolekülen von Mikroorganismen und Parasiten scheint die Auswahl an Stoffen mit Antigeneigenschaften nahezu grenzenlos. Proteine, Kohlenhydrate, Lipide, Nukleinsäuren, organische und anorganische Verbindungen können spezifische Immunreaktionen auslösen. Auf den ersten Blick mag dieser Umstand erstaunen, er ist aber die direkte Folge der Evolution unseres anpassungsfähigen Immunsystems, das befähigt ist, sich einer unglaublich großen Zahl verschiedener Mikroorganismen zu erwehren.

1.5 Lymphozyten

Die spezialisierten Zellen des Immunsystems, die Antigene zu erkennen vermögen, werden *Lymphozyten* genannt. Auf die Erkennung eines Antigens reagieren Lymphozyten auf ganz verschiedene Weise. Eine Gruppe von Lymphozyten beginnt als *Antikörper* bezeichnete Proteine zu bilden und gibt diese ins Blut und in Körperflüssigkeiten ab. Antikörper verbinden sich mit dem auslösenden Antigen, was schließlich zu dessen Zerstörung oder Ausscheidung führt. Andere Lymphozyten sind zwar nicht zur Antikörperbildung befähigt, können aber Zellen oder Parasiten, welche das spezifische Antigen an ihrer Oberfläche tragen, direkt zerstören. Weitere Lymphozyten produzieren Substanzen, die andere Zellen aktivieren, von denen einige wiederum die ursprünglich mit dem Antigen reagierenden Lymphozyten in ihrer Aktivität beeinflußen!

1.6 «Selbst» und «fremd»

Bei jeder Beschreibung der Funktion des Immunsystems wird festgestellt, daß die Reaktion gegen körperfremde Antigene weit wirkungsvoller ist als diejenige gegen körpereigene. Man nimmt also an, das Immunsystem sei imstande, das körpereigene «Selbst» von «fremden» Substanzen zu unterscheiden. Diese Ansicht wurde bereits in den Anfängen der immunologischen Forschung geäußert und ist ihrem Wesen nach immer noch richtig: das normal funktionierende Immunsystem reagiert gegen Fremdsubstanzen aggressiv, während körpereigenes Material kaum eine Immunantwort auslöst, selbst wenn die entsprechenden Antigenmoleküle in ihrer Struktur dem Fremdmaterial sehr ähnlich sind. Eine der aufsehenerregenden Erkenntnisse der modernen Forschung ist jedoch der Nachweis, daß auch beim völlig Gesunden Lymphozyten mit der Fähigkeit zur Reaktion mit körpereigenen Antigenen vorhanden sind. Daß diese Möglichkeit meist nicht genutzt wird, weist darauf hin, daß eine spezielle Art der Kontrolle die Zellen daran hindert, in dieser Hinsicht aktiv zu werden. Wenn die Kontrollmechanismen versagen, kommt es zu autoallergischen oder Autoimmun-Reaktionen, und derartige Reaktionen führen manchmal zum Entstehen von *Autoimmunkrankheiten*. Wie bereits erwähnt, kommt dem Immunsystem bei der Wundheilung und beim Wegschaffen von Zelltrümmern eine wichtige Rolle zu; die Fähigkeit zur Reaktion gegen körpereigenes Material kann daher unter bestimmten Umständen zur Homeostase beitragen.

Eingehende Untersuchungen zeigen, daß während der Entwicklung des Immunsystems viele Lymphozyten autoreaktive Aktivität aufweisen. Die meisten dieser gegen körpereigene Substanzen gerichteten Zellen überleben jedoch nicht sehr lange, und es steht fest, daß der *Thymus* in diesem Zusammenhang eine wichtige Rolle spielt. In diesem lymphatischen Organ werden die meisten Lymphozyten kurz nach ihrer Bildung eliminiert; man nimmt an, daß viele der zugrundegehenden Zellen autoreaktive Aktivität aufweisen. Die Ausmerzung unerwünschter Zellen stellt sicher, daß die Mehrzahl gefährlicher Lymphozyten verschwindet, bevor sie Krankheiten auslösen können.

Historisch gesehen waren Antikörper die ersten Komponenten des Immunsystems im modernen Sinn, denen im Rahmen der adaptiven Immunität eine wichtige Rolle zugeschrieben wurde. Erst später zeigte sich, daß Antikörper von Lymphozyten gebildet werden, und daß die Lymphozyten im Körper zirkulieren und Bestandteil der lymphatischen Gewebe darstellen. Die Gesamtheit der lymphatischen Gewebe wird als lymphatisches System bezeichnet. Thymus und blutbildendes Knochenmark sind die beiden primären lymphatischen Gewebe. Die Existenz des Thymus war zwar schon lange bekannt – im klassischen Griechenland galt der Thymus als Sitz der Seele –, seine Rolle im Immunsystem wurde jedoch erst während der letzten vierzig Jahre erkannt. In der Folge wollen wir einige der wichtigen Moleküle und Zellen betrachten, die am Zustandekommen der natürlichen Resistenz und der erworbenen Immunität beteiligt sind; auf ihre Organisation und Funktion wird anschließend eingegangen.

2. Die natürliche Resistenz

2.1 Äußere und innere Körperoberflächen

Die Hornschicht der Epidermis und die Epithelien der verschiedenen Körperhöhlen wirken als wichtige physikalische und chemische Barrieren gegen das Eindringen infektiöser Keime (Abb. 1). Die äußeren und inneren Oberflächenepithelien bilden unter anderem Säuren und Enzyme (z.B. das zum Abbau von Bakterienwänden befähigte *Lysozym*), die in Schleimen und Sekreten nachgewiesen werden können. Schleim besteht hauptsächlich aus Muzinen, d.h. leicht sauren, langen verzweigten Kohlenhydratmolekülen. Diese Kombination physikalischer Eigenschaften verleiht den Schleimstoffen die Fähigkeit, eingedrungene Mikroorganismen zu verkleben und dadurch abzufangen. Potentielle Krankheitserreger werden so daran gehindert, sich an Rezeptoren der Oberflächenepithelien zu binden und anschließend ins Gewebe einzudringen, und sie können mit dem Schleim zusammen aus dem Körper weggeschafft werden, unterstützt beispielsweise durch die Zilientätigkeit der Epithelzellen der Atemwege (Abb. 2a). Durch Husten und Niesen werden im Schleim verfangene Fremdstoffe ebenfalls sehr wirkungsvoll entfernt, wobei nicht vergessen werden darf, daß diese beiden Körperfunktionen ebenso wirkungsvoll der Verbreitung von Infektionskrankheiten dienen! Die Bedeutung der *Schleimhäute* für die Infektabwehr wird durch eine Erbkrankheit besonders eindrücklich illustriert: Patienten mit zystischer Pankreasfibrose (Mukoviszidose) bilden eine hochvisköse Form von Schleim, der keinen Schutzeffekt besitzt; der Wegfall einer funktionstüchtigen Schleimbarriere begünstigt das Auftreten chronischer Infekte von Lunge und Atemwegen, die schließlich zum Tode führen können.

Gesunde Personen beherbergen in ihrem Darm- und Urogenitaltrakt viele symbiontische Bakterien. Diese Mikroflora individueller Zusammensetzung verursacht keine Krankheit, vielmehr hemmt sie das Wachstum pathogener Keime, da sie diese, unter anderem, mit großem Erfolg im Kampf um Nährstoffe konkurrenziert. Dieser als «mikrobieller Antagonismus» bezeichnete Prozeß kann bei gewissen Patienten unter oraler Antibiotika-Therapie stark beeinträchtigt sein. Die Schädigung der normalen Darmflora durch die verwendeten Medikamente führt zum Auftreten mehr oder weniger schwerwiegender Infektionen wie beispielsweise der Befall der Schleimhäute durch Oberflächenpilze.

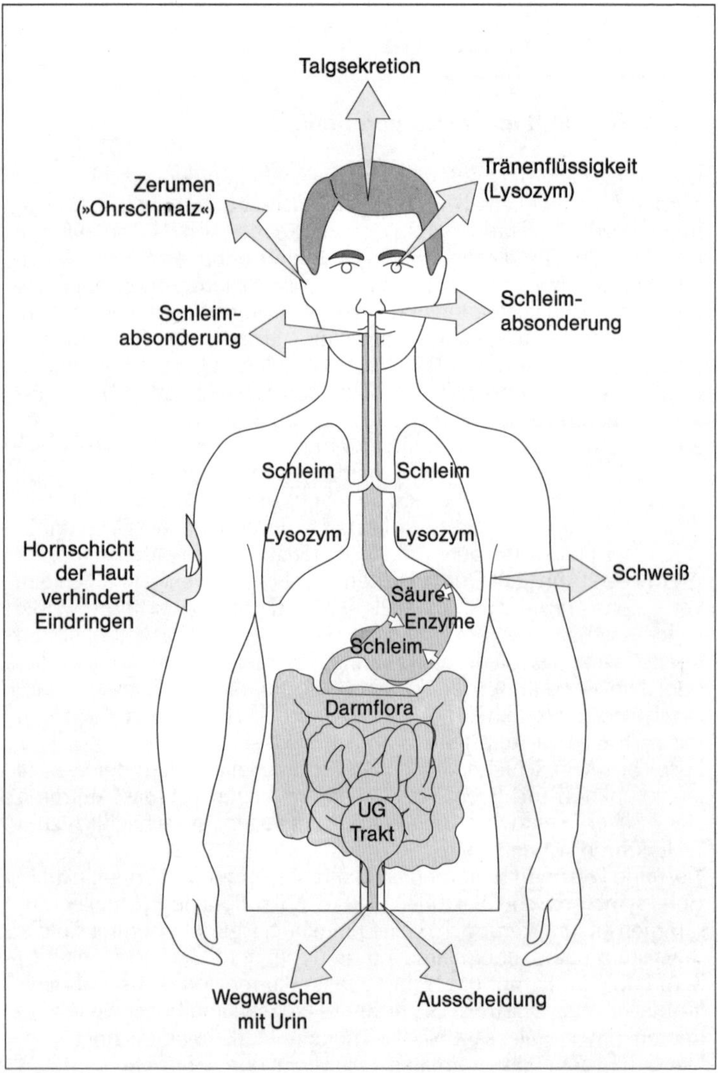
Talgsekretion
Zerumen
(»Ohrschmalz«)
Tränenflüssigkeit
(Lysozym)
Schleim-
absonderung
Schleim-
absonderung
Schleim
Schleim
Lysozym
Lysozym
Hornschicht
der Haut
verhindert
Eindringen
Schweiß
Säure
Enzyme
Schleim
Darmflora
UG
Trakt
Wegwaschen
mit Urin
Ausscheidung

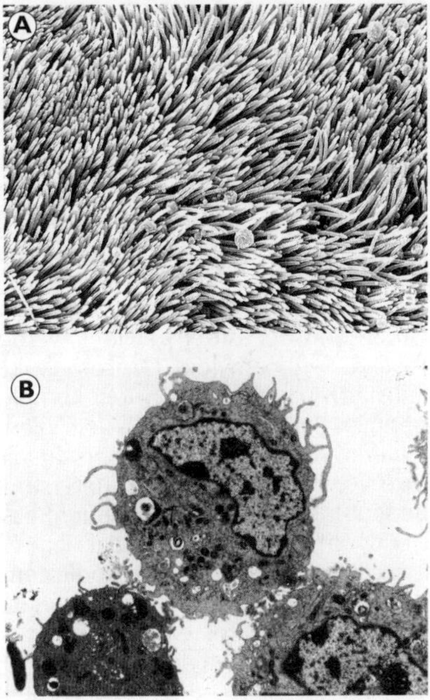

Abb. 2: Flimmerepithelien des Respirationstrakts. (**A**) Der Respirationstrakt wird von Flimmerepithelzellen ausgekleidet. Die Zilientätigkeit bewegt den Schleim, der Partikel und Mikroorganismen enthält, aufwärts in Richtung Trachea. Eine Schädigung dieser Zellen beeinträchtigt das Wegschaffen unliebsamer Eindringlinge. (Rasterelektronenmikroskopische Aufnahme von Andrew Rutman). (**B**) Die Alveolen der Lunge enthalten viele phagozytierende Zellen. Ihre Aufgabe besteht in der Aufnahme von Fremdmaterial, wie das die Einschlüsse in den abgebildeten Alveolarzellen zeigen. Partikuläres Material kann später zusammen mit Schleim aus der Lunge weggeschafft werden. (Elektronenmikroskopische Aufnahme von Wangxue Chen, M. R. Alley und B. W. Manktelow).

Abb. 1: Natürliche Resistenz: physikalische und chemische Barrieren. Die Haut stellt eine gewichtige physikalische Barriere gegen das Eindringen von Mikroorganismen dar; ihre Sekrete wirken zudem bakterizid. Die Schleimhäute, die physiologischerweise absorptive Funktionen erfüllen, benötigen einen speziellen Schutz in Form von Schleim und Enzymen wie Lysozym. Eine Vielzahl von Zellen und von ihnen sezernierte Moleküle gewähren raschen Infektionsschutz, sollte eine der oberflächlichen Barrieren durchbrochen werden. Die Wirksamkeit dieser natürlichen Abwehrmechanismen bleibt auch bei wiederholter Exposition unverändert.

2.2 Innere Organe und Gewebe

Gelingt den Mikroorganismen das Eindringen in den Körper, sehen sie sich einem ganzen Spektrum antimikrobieller Substanzen ausgesetzt, die als Reaktion auf die Infektion rasch gebildet oder aktiviert werden. Alle diese Substanzen sind in ihrer Wirkung insofern unspezifisch, als sie sich gegen viele verschiedene Gruppen von Mikroorganismen richten, die sowohl Bakterien als auch Viren einschließen. Zu diesen Stoffen gehören – neben dem bereits erwähnten Lysozym – *Akute-Phase-Proteine* und die *Interferone*. Akute-Phase-Proteine zählen zu einer Gruppe von Proteinen, die zum Großteil in der Leber gebildet werden; Beispiele sind C-reaktives Protein, Serumamyloid, Orosomukoid und Laktoferrin. Einige dieser Substanzen weisen einen sehr komplexen Bau auf, und die meisten besitzen Bindungsstellen für verschiedene Fremdstoffe. Diese Eigenschaften vermitteln ihnen wahrscheinlich die Fähigkeit, die Phagozytose von Fremdmaterial zu unterstützen. Obschon die eigentliche Bedeutung verschiedener Akute-Phase-Proteine nicht klar ist, besteht kein Zweifel darüber, daß ihre Produktion in der Leber als Sofortreaktion auf einen entzündlichen Prozeß an irgendeiner Stelle des Körpers einsetzt. Dies führt den Begriff der *Entzündung* als einen der zentralen Prozesse der Infektionsabwehr ein.
Über die Funktionen der Interferone (IFN) weiß man besser Bescheid als über diejenigen der Akute-Phase-Proteine. Interferone gehören einer großen und variantenreichen Familie von Substanzen an, die ursprünglich wegen ihrer Fähigkeit entdeckt wurden, die intrazelluläre Replikation von Viren zu hemmen. Einige unter ihnen (IFN-α und IFN-β) werden von virusinfizierten Zellen als direkte Folge des Virusbefalls gebildet; dies weist auf ihre Funktion hin, die Ausbreitung der Infektion zu verhindern und die Besiedlung einer Zelle mit mehr als einem Virustyp (Superinfektion) zu verhindern. Einige Interferone (IFN-β und IFN-γ) werden jedoch als Folge einer Antigenstimulation von Lymphozyten produziert, und die Funktionen dieser Interferone gehen weit über ihre antivirale Aktivität hinaus. Damit gehören diese Substanzen nicht nur zu den Mittlern der natürlichen Resistenz, sondern spielen auch beim Zustandekommen der adaptiven Immunität eine Rolle. Die Bedeutung der Interferone wird verständlich, wenn man sich daran erinnert, daß Viren während ihrer intrazellulären Vermehrungsphase dem Angriff durch Antikörper oder Lymphozyten nicht zugänglich sind.

2.3 Phagozytierende Zellen

Allem Fremdmaterial, dem der Eintritt in den Körper gelingt, steht mit größter Wahrscheinlichkeit Aufnahme und Verdauung durch phagozytierende Zellen bevor (Abb. 3). Mikroorganismen werden hauptsächlich von zwei Zellarten phagozytiert. Zur ersten gehören *neutrophile Granulozyten* (im englischen Sprachgebrauch kurz «neutrophils» oder «polymorphs» genannt). Diese Leukozyten zirkulieren mit dem Blut und sind befähigt, als Reaktion auf eine lokale Invasion durch Mikroorganismen, sehr rasch in die Gewebe auszuwandern. Zur zweiten Art zählen die *Monozyten* im Blut und die *Makrophagen* (oder Histiozyten) in praktisch allen Geweben. Monozyten und Makrophagen gehören zum *Monozyten-Makrophagen-System* (alte Bezeichnung: retikulo-endotheliales System) (Abb. 4). Besonders reich an Makrophagen sind Leber, *Milz*, Lunge (Abb. 2b), Niere und *Lymphknoten*. Alle diese Organe verfügen über Blut- und Lymphgefäße und funktionieren als Filterstationen, in denen Mikroorganismen aus der Blut- und Lymphzirkulation abgefangen werden.

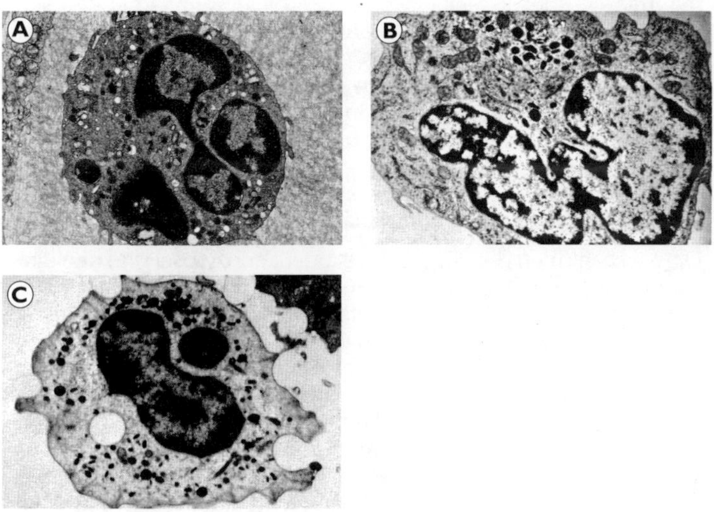

Abb. 3: Phagozyten. Elektronenmikroskopische Aufnahmen von einem neutrophilen Granulozyten (**A**), Blutmonozyten (**B**) und Makrophagen (**C**).

2.3.1 Zellwanderung

Eines der eindrücklichen Merkmale des Immunsystems ist die Mobilität seiner Zellen. Auch die im blutbildenden Knochenmark gebildeten Lymphozyten gelangen auf dem Blutweg in verschiedene Organe und Gewebe. Bei der Auswanderung von Granulozyten und Monozyten aus dem Blut ist von kritischer Bedeutung, daß diese Zellen an den Endothelien, welche die Blutgefäße auskleiden, haften können (Adhäsion). Ganz generell wird der Kontakt zwischen Zellen durch spezielle, miteinander reagierende Oberflächenrezeptoren hergestellt, die kollektiv als *Adhäsionsmoleküle* bezeichnet werden. Derartige Rezeptormoleküle, von denen man eine ganze Reihe kennt, sind nicht nur bei der Adhäsion der Blutzellen sondern bei jeder Wechselbeziehung im Spiel, welche die Zellen des Immunsystem miteinander oder mit anderen Zellen unterhalten.
Nach erfolgter Adhäsion an das Endothel zwängen sich die phagozytierenden Zellen zwischen die Endothelzellen, durchwandern die Basalmembran des Blutgefäßes und treten ins Gewebe aus. Dieser Vorgang, der Diapedese genannt wird, ist in Abb. 5 dargestellt. Die zentrale Bedeutung der Adhäsionsmoleküle bei diesem Prozeß wird durch einen seltenen Defektzustand veranschaulicht: beim Leukozyten-Adhäsionsdefekt fehlt eines dieser Moleküle, unter der Bezeichnung CD18 bekannt, an der Zelloberfläche. Kinder mit einer schweren Form dieses Mangelzustandes leiden immer wieder an lebensbedrohlichen bakteriellen Infekten, weil ihre Granulozyten und andere Leukozyten als Reaktion auf eine lokale Infektion nicht aus dem Blut in die Gewebe auswandern können.

2.3.2 Phagozytose und intrazelluläres Abtöten

Die Mechanismen der Phagozytose (oder Endozytose) sind den Biologen wohlbekannt. Makrophagen fressen Bakterien auf die gleiche Weise wie Amöben Nahrungsstoffe aufnehmen. Sie sind imstande, Fremdmaterial zu erkennen, es an ihre Zellmembran zu binden und in einer mit Zellmembran ausgekleideten Vakuole zu umschließen. Aufgenommene Bakterien werden innerhalb dieser Vakuole abgetötet, wahrscheinlich durch die Bildung toxischer inorganischer Radikale, und durch lysosomale Enzyme verdaut (Abb. 6).
Phagozyten sind nicht nur imstande, ins Zellinnere aufgenommenes Material zu zerstören, sondern können auch andere Zellen und gewisse Parasiten ohne vorangegangene Phagozytose abtöten, ein Vorgang, der als extrazelluläres Abtöten bezeichnet wird. Diese Mechanismen der *Zytotoxizität* kommen später zur Sprache. In Zusammen-

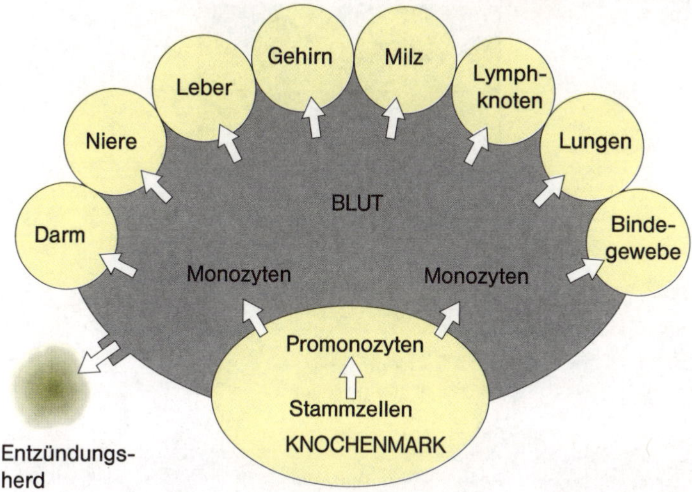

Abb. 4: Die Verteilung der Phagozyten im Körper. Alle Zellen des Monozyten-Makrophagen-Systems leiten sich von Stammzellen im Knochenmark her. Die Teilungstätigkeit dieser Zellen steht unter dem Einfluß von Kolonie-stimulierenden Faktoren («colony-stimulating factors», CSF; siehe *Tabelle 3*), welche die Myelopoese steuern. Promonozyten verlassen das Knochenmark und gelangen auf dem Blutweg als Monozyten in alle Körpergewebe, wo sie kollektiv als Makrophagen bezeichnet werden. Makrophagen in Milz, Leber und Niere phagozytieren Fremdmaterial im Blut, entsprechende Zellen in Lymphknoten beschäftigen sich mit phagozytierbaren Stoffen in der afferenten Lymphe. Phagozytierende Zellen in anderen Lokalisationen versehen lokale, spezialisierte Funktionen im Umgang mit eingedrungenen Mikroorganismen. Im Blut zirkulierende Monozyten verlassen das Gefäßsystem, indem sie zwischen Endothelzellen durchwandern; ihre Ansammlung in Entzündungsherden kann durch chemotaktische Faktoren, unter Einschluß von Komplementkomponenten, ausgelöst werden. Man beachte, daß sich Granulozyten (nicht abgebildet) ebenfalls von denselben multipotenten Stammzellen herleiten. Im Gegensatz zu Makrophagen überleben jedoch Granulozyten nur kurze Zeit; Produktion und Auswandern in Gewebe erfolgen als Reaktion auf akute Entzündungsreize.

hang mit der natürlichen Resistenz ist es jedoch interessant, auf die Population großer granulierter Lymphozyten («*large granular lymphocytes*», LGL) hinzuweisen, welche auch über die Fähigkeit des Abtötens von Zellen verfügt (Abb. 7). Die LGL sind unter ihrer funktionel-

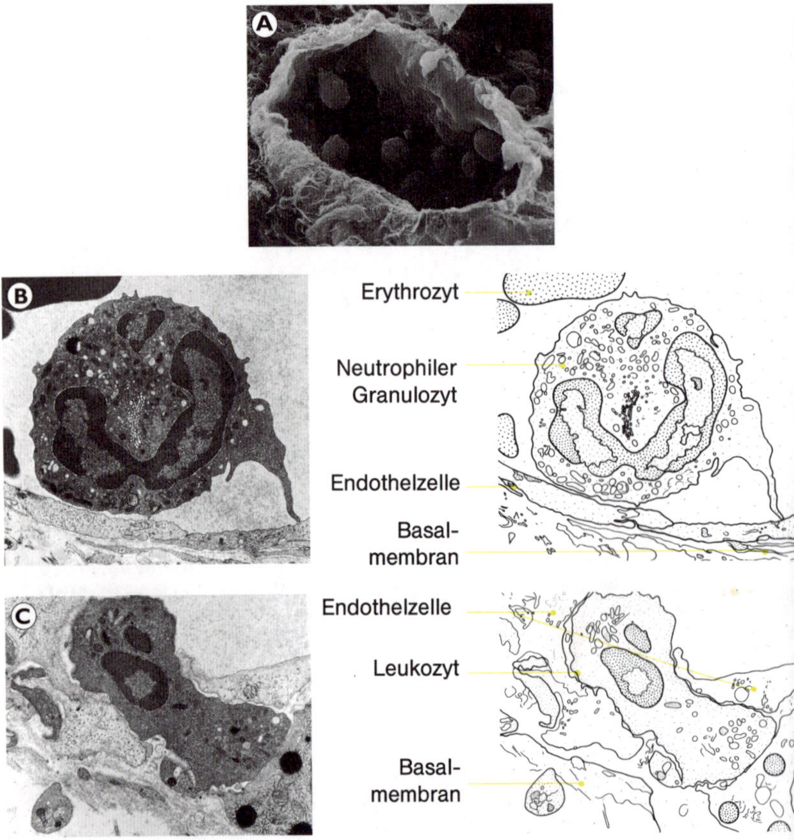

Abb. 5: Die Wanderung von Leukozyten durch die Gefäßwand. Dieser Prozeß läuft in vier Phasen ab. Zunächst bewegen sich die Leukozyten rollend über die Endothelzellen, die das Gefäßlumen auskleiden (**A**). In einer zweiten Phase werden Leukozyten und Endothelzellen aktiviert und exprimieren neue Moleküle an ihren Oberflächen. Dies ermöglicht den Leukozyten, am Endothel zu haften. Das elektronenmikroskopische Bild in (**B**) illustriert diese dritte oder Haft-Phase: ein Leukozyt «klebt» an der Wand des Blutgefäßes in einem Entzündungsherd. In der letzten Phase zwängen sich die Leukozyten zwischen die Endothelzellen, durchqueren die Basalmembran und gelangen in chemotaktisch gerichteter Wanderung ins Gewebe (**C**).

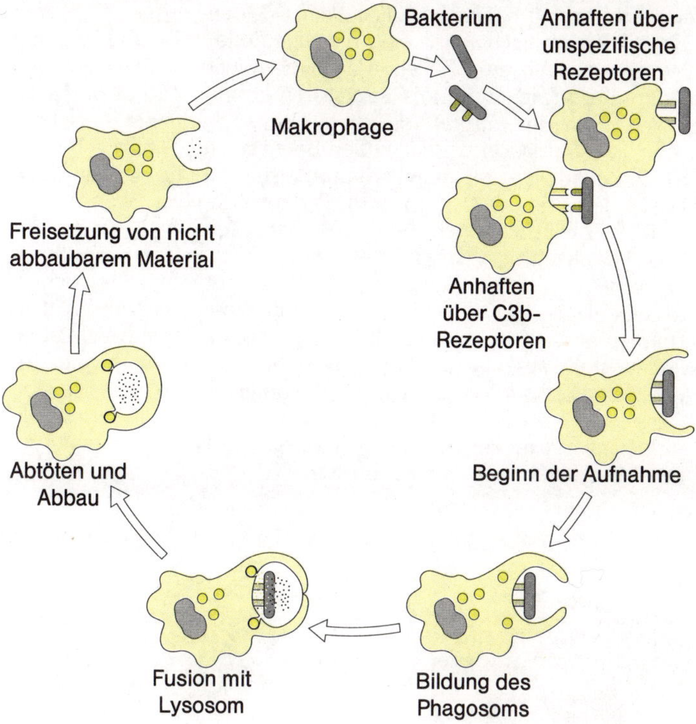

Abb. 6: Der Phagozytosevorgang. In der Abbildung wird gezeigt, wie sich ein Fremdpartikel, in diesem Falle ein Bakterium, in einer ersten Phase an die Zellmembran des Makrophagen anheftet. Verschiedene Rezeptoren fördern diesen Vorgang, darunter Rezeptoren für Komplementkomponenten und Antikörper, welche das Bakterium umhüllen. Als Reaktion auf die Rezeptorbindung stülpt sich die Zellmembran taschenförmig ein (Rezeptor-vermittelte Endozytose), wodurch der Partikel innerhalb einer Vesikel (Phagosom) ins Zellinnere gelangt. Das Phagosom fusioniert mit Lysosomen, und das Bakterium wird durch toxische Substanzen sowie freigesetzten Sauerstoff abgetötet und verdaut. Die Zelle setzt schließlich nicht abbaubare Überreste frei; sie steht während der ganzen Dauer dieses Prozesses zur Aufnahme weiterer Partikel bereit.

len Bezeichnung *natürliche Killerzellen (NK-Zellen)* besser bekannt und spielen wahrscheinlich eine wichtige Rolle bei der Elimination gewisser virusinfizierter Zellen. Man nimmt auch an, daß sie Zellen bestimmter maligner Tumoren zerstören können und in dieser Eigenschaft an der *immunologischen Überwachung* der neoplastischen Transformation von Geweben beteiligt sind. Schließlich erfüllen NK-Zellen eine, wie man annimmt, nicht-immunologische Funktion, indem sie Wachstum und Proliferation von *Stammzellen* gewisser Zellpopulationen des Blutes kontrollieren.
Die Wirksamkeit der Phagozytose von Mikroorganismen wird durch Antikörper und Komponenten des *Komplementsystems,* die sich an die Oberfläche der Organismen binden, wesentlich erhöht. Das Komplementsystem, das in späterem Zusammenhang beschrieben wird, besteht aus einer komplexen Reihe von Enzymen, die sich gegenseitig kaskadenförmig aktivieren. Komponenten dieses Enzymsystems lösen entzündliche Reaktionen aus, steigern die Permeabilität der Gewebe für Proteine des Blutplasmas und können eingedrungene Mikroorganismen direkt abtöten.

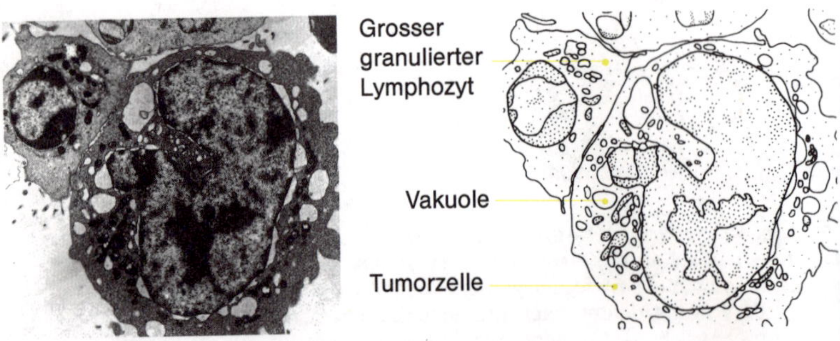

Abb. 7: Extrazelluläres Abtöten durch einen grossen granulierten Lymphozyten (LGL). Im Bild hat sich ein «large granular» Lymphozyt auf einer noch größeren Tumorzelle festgesetzt. Durch einen komplizierten Vorgang wird die Membran der Tumorzelle so geschädigt, daß sie durchläßig wird: das Auftreten von Flüssigkeitsbläschen im Zellinnern signalisiert die erste Phase des bevorstehenden Zelluntergangs. Makrophagen, eosinophile Granulozyten und zytotoxische T-Lymphozyten bedienen sich ähnlicher, allerdings in Einzelheiten abweichender Mechanismen bei der Zerstörung verschiedener Parasiten oder virusinfizierter Zellen.

3. Erworbene Immunität

Bisher wurden Wesen und Bedeutung der Mechanismen der natürlichen Resistenz erläutert, und nun wenden wir uns der Frage zu, welchen Beitrag die Zellen des Immunsystems an das Zustandekommen der erworbenen Immunität leisten. Im Unterschied zur natürlichen Resistenz zeichnet sich die adaptive Immunität dadurch aus, daß die Reaktionen für das auslösende Antigen spezifisch sind, daß unterschiedlichste Antigene spezifische Antworten hervorrufen, und daß der im Verlauf der spezifischen Reaktion veränderte Immunitätszustand – immunologisches Gedächtnis genannt – sicherstellt, daß Folgereaktionen gegen das ursprüngliche Antigen verstärkt und schneller ablaufen. Man könnte demnach *Spezifität*, Anpassungsfähigkeit und Gedächtnis als Schlüsseleigenschaften der erworbenen Immunität bezeichnen (Tab. 2). Auf das Zustandekommen der Immunreaktionen wollen wir zurückkommen, wenn wir uns mit den Zellen und Geweben des Immunsystems vertraut gemacht haben.

3.1 Entwicklung der Lymphozyten

Lymphozyten sind diejenigen Zellen, die Antigene erkennen und mit diesen reagieren. Lymphozyten sind in allen Geweben des Organismus, im Blut und in der Lymphe anzutreffen und machen den Hauptzellbestand der lymphatischen Gewebe aus; die Gesamtheit dieser Gewebe wird unter dem Begriff des lymphatischen Systems zusammengefaßt (Abb. 8).
Während der Fetalentwicklung wandern Zellen aus den hämopoetischen (blutbildenden) Geweben (z.B. fetale Leber) in das sich entwickelnde Knochenmark, wo sie als Vorläufer- oder Stammzellen für Lymphozyten und alle übrigen Blutzellen dienen. Die anhaltende Teilungstätigkeit dieser Vorläuferzellen im Knochenmark sorgt dafür, daß ständig eine genügend große Zahl von Tochterzellen vorhanden ist. Die Vorläuferzellen sind nämlich eine selbstgenerierende Quelle aller Zellen, die später einmal als Effektoren der Immunreaktion Bedeutung erlangen. Während ihrer proliferativen Tätigkeit werden die Nachkommen der Vorläufer zunehmend in ihren Differenzierungsmöglichkeiten eingeschränkt: es bilden sich bereits spezialisierte direkte Vorstufen der verschiedenen Blutzellen (Abb. 9). Die Entstehung unterschiedlicher Zellfamilien ist ein komplexer Vorgang, der noch unbekannten Kontrollmechanismen untersteht. Gesichert

ist, daß verschiedene *Zytokine* für die Stimulation des Wachstums bestimmter Stammzellen verantwortlich sind. Mit dem Begriff der Zytokine wird eine wichtige Gruppe von Proteinen eingeführt: Zytokine werden in vielen verschiedenen Zellen gebildet und wirken als Signalmoleküle, welche die Funktion anderer Zellen oder ihrer Mutterzellen beeinflussen. Zellen, die auf ein bestimmtes Zytokin anspre-

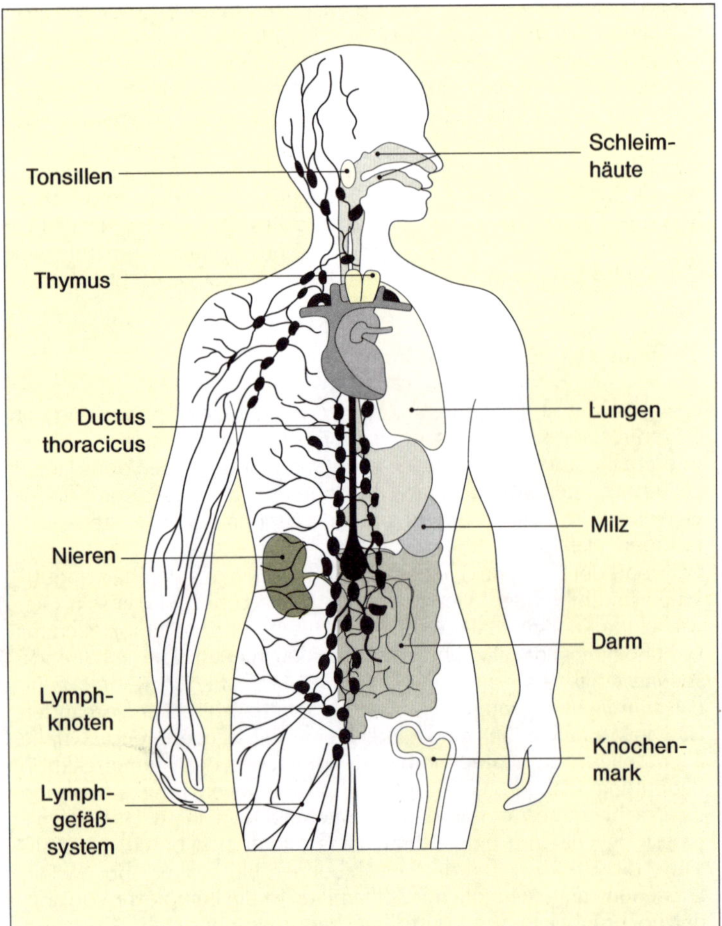

chen, sind mit spezifischen Rezeptoren in ihrer Zellmembran ausgestattet. Wie wir später sehen, spielen Zytokine eine Schlüsselrolle bei der Regulation der Aktivität reifer Immunzellen.

3.1.1 T-Zellreifung

Im Knochenmark gebildete Lymphozyten werden ins Blut abgegeben und gelangen über die Blutzirkulation in den übrigen Körper. Wie in Abb. 10 dargestellt, durchwandert ein Teil der Lymphozyten den Thymus, tritt später wieder in die Blutzirkulation über und erreicht auf diesem Wege Lymphknoten und Milz. Diese Lymphozyten werden *T-Lymphozyten* genannt, da sie auf ihrem Weg durch den Thymus gewissermaßen geprägt werden: sie erwerben sich dort ihre Antigenspezifität, was heißt, daß ihre Reaktionsmöglichkeiten auf ganz bestimmte Antigene eingeschränkt werden.
Seit kurzem sind weitere Einzelheiten des für das Immunsystem zentralen Vorgangs der T-Zellreifung im Thymus bekannt (Abb. 11). Die meisten der eingewanderten Zellen werden im Thymus durch einen Prozeß eliminiert, der Lymphozyten mit einer gegen körpereigene Antigene gerichteten Spezifität ausschaltet. Differenzierte T-Zellen außerhalb des Thymus können jedoch mit Fremdantigenen nur dann reagieren, wenn am Erkennungsprozeß gewisse körpereigene Moleküle anderer Zellen beteiligt sind, welche das Antigen der T-Zelle sozusagen präsentieren. Dies bedeutet interessanterweise, daß die Fähigkeit der T-Lymphozyten, Antigene als «fremd» zu erkennen, an die Voraussetzung geknüpft ist, mit bestimmten körpereigenen Molekülen reagieren und diese erkennen zu können. Bei diesen Molekülen handelt es sich um Proteine der Zellmembran, die als *Produkte des Hauptkomplexes der Histokompatibilitätsgene («major histocom-*

Abb. 8: Das lymphatische System. Die verschiedenen Organe des lymphatischen Systems werden als primär oder sekundär bezeichnet. Primäre lymphatische Organe sind Produktionsorte von Lymphozyten. Dazu gehören fetale Leber, Knochenmark und Thymus. Die in primären lymphatischen Organen gebildeten Lymphozyten besiedeln die sekundären Organe: Milz und Gesamtheit der Lymphknoten sowie verschiedene, weniger gut begrenzte lymphatische Gewebe des Körpers. Antigene aus Gewebeflüssigkeit und Lymphe, die auf dem Weg zu den großen Lymph-Sammelgefäßen (z. B. Ductus thoracicus) in den Lymphknoten filtriert werden, verbleiben am Filtrationsort. Der gesunde Erwachsene besitzt etwa 10^{12} Lymphozyten. Ungefähr die Hälfte davon befinden sich im Mukosa-assoziierten lymphatischen Gewebe (MALT), was die Bedeutung der Lymphozyten für den Schutz gegen Mikroorganismen, die über Schleimhäute eindringen, unterstreicht.

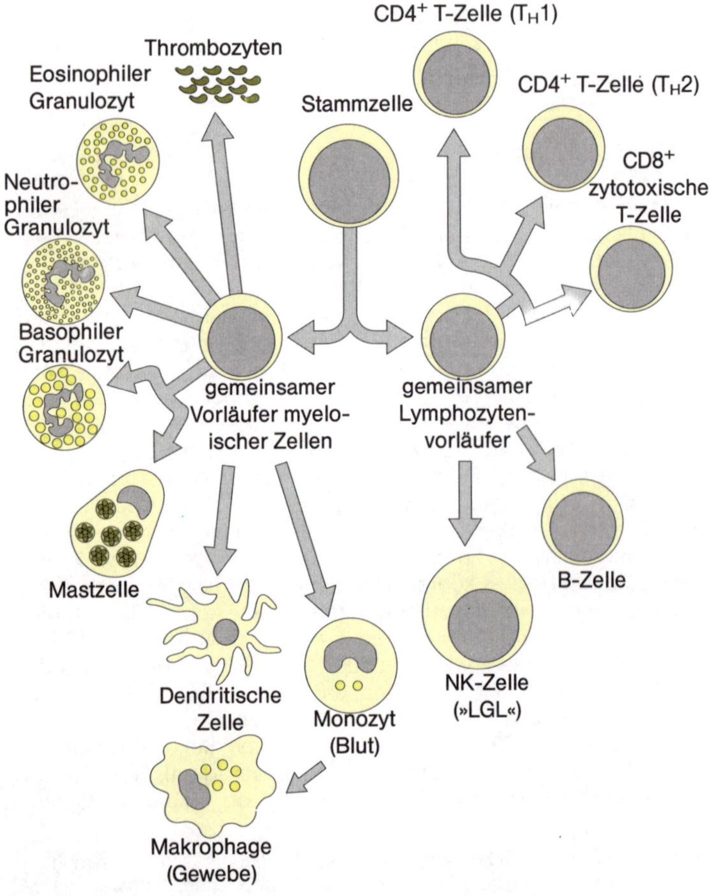

Abb. 9: Die Zellen des Immunsystems. Vorläufer der lymphatischen und myeloischen Zellinien besitzen eine gemeinsame Stammzelle. «Large granular» Lymphozyten (NK-Zellen) gehören fast sicher zur lymphatischen Linie, ihr Ursprung ist jedoch noch unklar. Auf die funktionelle Bedeutung der verschiedenen Zellpopulationen wird im Text eingegangen. (Größenverhältnisse einzelner Zellen wurden nicht berücksichtigt.)

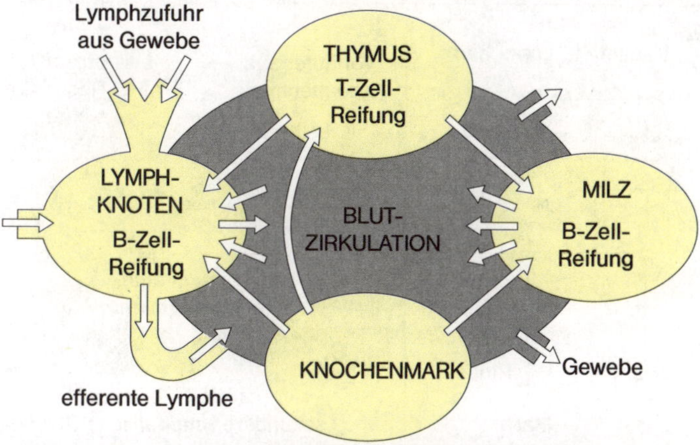

Abb. 10: Lymphozytenentwicklung und -zirkulation. Beim Erwachsenen bilden sich durch Teilung lymphatischer Stammzellen im Knochenmark Lymphozytenvorläufer. Diese Vorläufer, die das Knochenmark auf dem Blutweg verlassen, werden sich in zwei verschiedenen Richtungen differenzieren. Lymphozyten, die sich im Thymus differenzieren, werden T-Zellen genannt. Während des Reifungsprozesses im Thymus «lernen» sie, Fremdantigene in Assoziation mit MHC-Molekülen zu erkennen; bei Verlassen des Thymus ist ihre Entwicklung zu antigenreaktiven Zellen abgeschlossen. Lymphozyten, deren Entwicklung beim Verlassen des Knochenmarks bereits abgeschlossen ist, und die – ohne eine «Erziehungsphase» wie die T-Zellen zu durchlaufen – direkt in sekundäre lymphatische Organe einwandern, heißen B-Zellen. Sowohl T- als auch B-Lymphozyten zirkulieren mit dem Blut und wandern in Gewebe aus, von wo sie über afferente Lymphgefäße in Lymphknoten und von dort mit efferenter Lymphe wieder ins Blut gelangen.

patibility complex», MHC) bezeichnet werden. T-Lymphozyten erwerben die Fähigkeit, diese Proteine zu erkennen, ebenfalls im Thymus. Der entsprechende «Erziehungsprozeß» beruht darauf, daß Zellen, die zu stark oder zu schwach mit MHC-Molekülen reagieren, eliminiert werden; überlebende T-Lymphozyten durchlaufen dann einen Reifungsprozeß und erkennen Fremdantigene in Assoziation mit MHC-Molekülen. MHC-Moleküle im Thymus präsentieren den reifenden T-Lymphozyten zudem kleine Bruchstücke abgebauter oder veränderter Peptide, die von verschiedensten körpereigenen Protei-

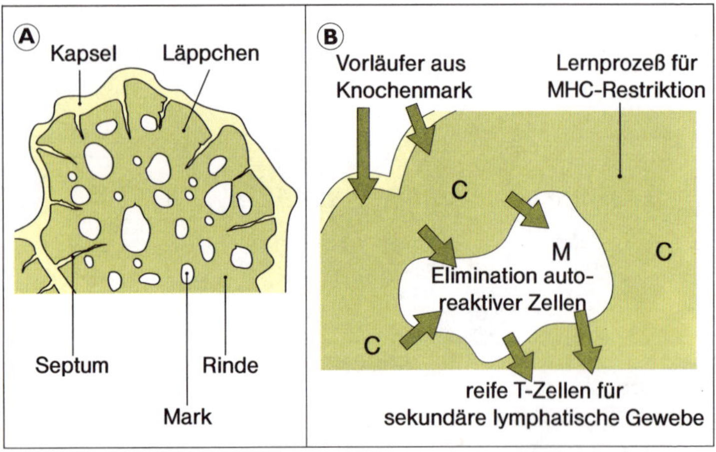

Abb. 11: Thymus und T-Zellreifung. (**A**) zeigt einen Ausschnitt des menschlichen Thymus mit Rinden- (Cortex-, C) und Mark- (M) Anteilen. Man beachte den läppchenartigen Aufbau des von einer Kapsel umgebenen Organs. Aus dem Knochenmark eingewanderte Zellen treten zunächst in die äußere Rindenzone ein, von wo sie gegen das Mark wandern und den Thymus verlassen (**B**). Sowohl der Lernprozeß, der den T-Zellen die Restriktion durch MHC-Moleküle beibringt, als auch die Elimination autoreaktiver Zellen finden während der Passage durch den Thymus statt. Man nimmt an, daß Wechselwirkungen zwischen reifenden T-Lymphozyten und Epithelzellen sowie Makrophagen an den Erziehungs- und Selektionsvorgängen beteiligt sind.

nen stammen; jede T-Zelle, die mit diesen Peptidfragmenten reagiert, wird ebenfalls ausgeschaltet. Auf diese Weise verschwinden die meisten autoreaktiven T-Zellen, bevor sie schädigend wirken.

3.1.2 B-Zellreifung

B-Lymphozyten, wie die Zellen der anderen großen Lymphozytenfamilie genannt werden, scheinen unter Umgehung des Thymus sekundäre lymphatische Gewebe – Lymphknoten und Milz – direkt zu besiedeln. Sie haben während ihrer Entwicklung nicht den strikten Selektionsprozeß zu durchlaufen, dem T-Zellen unterworfen sind. Obschon autoreaktive B-Zellen während der Reifung ebenfalls eliminiert werden, gelangen viele Überlebende in den Lymphozytenbe-

stand des gesunden Erwachsenen. Wahrscheinlich beenden B-Lymphozyten ihren Differenzierungsprozeß im Knochenmark bevor sie in sekundäre lymphatische Gewebe einwandern. Sowohl bei B- als auch bei T-Zellen finden somit diese frühen Entwicklungs- und Reifungsprozesse in Abwesenheit von Fremdantigenen statt. B-Lymphozyten tragen – oder, wie man auch sagt: exprimieren – an ihrer Oberfläche Antikörpermoleküle, die als Antigenrezeptoren dienen. Diese Rezeptor-Antikörper in der Membran einer individuellen antigenreaktiven B-Zelle sind spezifisch für ein einziges, ganz bestimmtes Antigen. Obschon sich Antikörper- von T-Zellrezeptor(TCR)-Molekülen unterscheiden, wirken beide als Antigenrezeptoren und weisen einige strukturelle Gemeinsamkeiten auf.
Mit den elektronenmikroskopischen Aufnahmen der wichtigsten Lymphozytenarten in Abb. 12 werden Strukturunterschiede sowie unterschiedliche Auswirkungen der Aktivierung verdeutlicht.

3.2 Lymphozytenaktivierung

Angehörige der beiden großen Lymphozytenfamilien, T- und B-Lymphozyten, reagieren auf Antigenkontakt mit einer Immunantwort. Obschon sie sich in Ursprung und Art der Reaktion mit Antigenen unterscheiden, verfügt jede der beiden Gruppen über einen breiten Fächer von Zellen, aus dem bei Bedarf spezifisch mit einzelnen Antigenen reagierende Lymphozyten ausgewählt werden. Der Umfang dieser Spezifitätenkataloge ist beträchtlich und entspricht der Notwendigkeit, einer riesigen Zahl verschiedener Antigene mit einer spezifischen Immunantwort begegnen zu können. Die Zahl vorstellbarer Antigene kann unmöglich genau geschätzt werden, sie dürfte aber mit Leichtigkeit eine Million Millionen (10^{12}) übersteigen! Mit der Gesamtlymphozytenzahl eines Erwachsenen von durchschnittlich etwa $2x10^{12}$, ist die Wahrscheinlichkeit groß, daß sich in jedem Fall einige Lymphozyten finden, die mit einem beliebigen Antigen zu reagieren vermögen. Als Einzelzellen wären sie allerdings den Anforderungen einer Immunantwort nicht gewachsen; daher sorgen bestimmte Mechanismen dafür daß sich die jeweils am besten geeigneten Zellen bei Bedarf rasch vermehren.

3.2.1 B-Zellaktivierung

Trifft ein B-Lymphozyt auf das ihm entsprechende Antigen, beginnt die Differenzierung der antigenreaktiven B-Zelle (Abb. 12A) zur Antikörper-sezernierenden *Plasmazelle* (Abb. 12C) oder zur Gedächtnis-

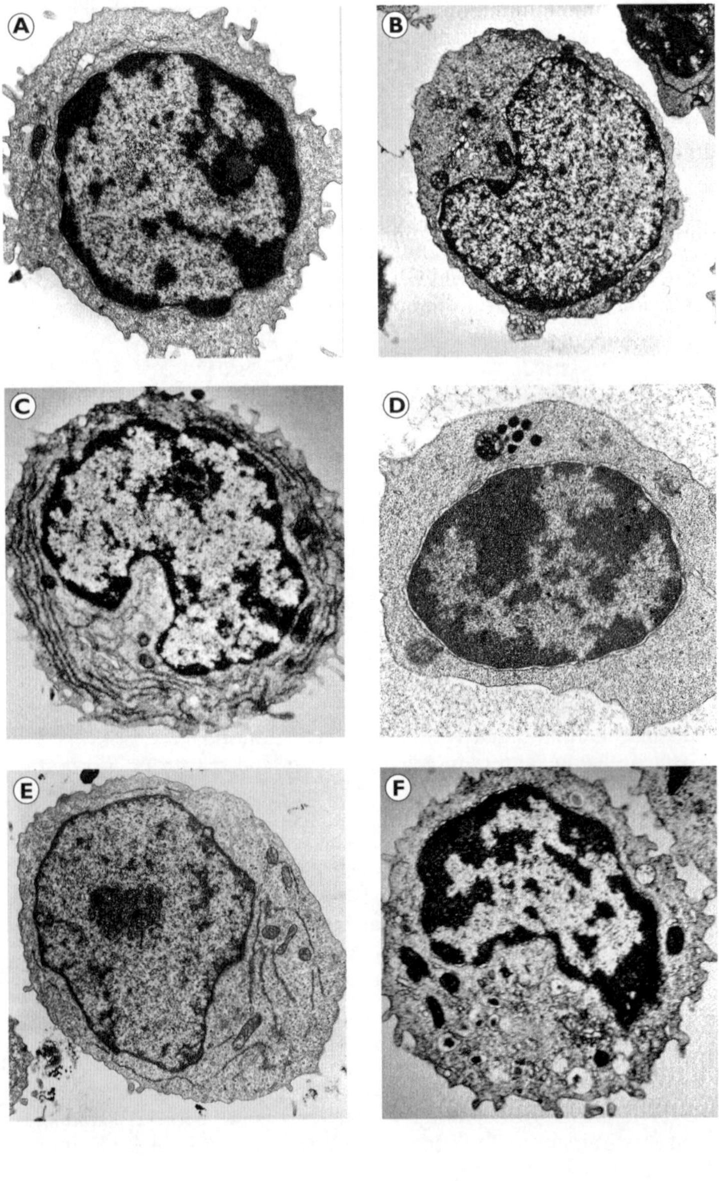
A
B
C
D
E
F

zelle. Die Bindung des Antigens an den Antikörperrezeptor auf der Zellmembran löst im Lymphozyten Signale aus, welche die Antikörperbildung in Gang setzen. In einer ersten Phase wird die Zelle aktiviert (Abb. 12B), darauf kommt es zu Zellteilung und Differenzierung. Dadurch entsteht ein *Klon* von Tochterzellen, der mit Produktion und Sekretion von Antikörpern desjenigen Immunglobulin-Typs beginnt, der demjenigen der Membranantikörper der Mutterzelle entspricht. Neugebildete und von den Zellen freigesetzte Antikörper verbinden sich spezifisch mit dem Antigen; dies löst eine Kettenreaktion aus, die mit Zerstörung oder Neutralisierung des Antigens endet. Die meisten der antikörperbildenden Tochterzellen gehen nach einigen Wochen zugrunde. Ein Teil der Abkömmlinge der ursprünglich aktivierten B-Zelle beteiligt sich kaum an der Antikörperbildung, rezirkuliert jedoch im Körper und bleibt während mehrerer Jahre als Gedächtniszellen erhalten. Kommt es später einmal zur Wiederbegegnung mit dem spezifischen Antigen, werden Gedächtniszellen sehr rasch zur gesteigerten Antikörperbildung aktiviert. Bei dieser sekundären Immunantwort (Abb. 13) werden dieselben Antikörper wie nach Erstkontakt, jedoch mit viel höherer Bildungsrate produziert. Der Grund liegt in der größeren Zahl antigenreaktiver Zellen, die als Folge der klonalen Expansion im Verlaufe der Primärantwort zur Verfügung stehen, und in der Tatsache, daß Gedächtniszellen bis zum Erreichen der Fähigkeit der Antikörpersekretion weniger Teilungsschritte durchlaufen müssen. Die verstärkte und rascher einsetzende, spezifische Sekundärantwort gilt als wichtiger Beweis für die Existenz des immunologischen Gedächtnisses.
Der Mechanismus der klonalen Expansion ist deshalb höchst sinnvoll, weil dadurch die spezifische Antikörperproduktion verhältnismäßig rasch in Gang gesetzt werden kann, ohne daß dauernd Lymphozyten jeder beliebigen Spezifität in großer Zahl vorhanden sein müssen. Die besondere Bedeutung dieser Tatsache wird klar, wenn man sich vergegenwärtigt, daß einerseits einige Tausend Zellen für

Abb. 12: Die Morphologie der Lymphozyten. Elektronenmikroskopische Bilder der typischen Struktur von Lymphozyten. (**A**) Ruhender B-Lymphozyt. (**B**) B-Lymphoblast kurz nach Aktivierung durch Antigen. (**C**) Plasmazelle, die Endzelle der B-Lymphozyten, die während einiger Tage große Mengen von Antikörper sezerniert und dann zugrunde geht. (**D**) Ruhender T-Lymphozyt. (**E**) T-Lymphoblast kurz nach Aktivierung durch Antigen; solche Zellen bilden in der Regel Zytokine, andere werden zu zytotoxischen Zellen. (**F**) «Large granular» Lymphozyt (NK-Zelle) mit zytotoxischer Aktivität (siehe auch *Abbildung 7*). (Abbildungen nicht maßstabgetreu – Aktivierung führt zu Größenzunahme.)

die Produktion eines bestimmten Antikörpers nötig sind, und daß andererseits das Immunsystem in der Lage sein muß, Millionen von Antikörpern verschiedener Spezifität herstellen zu können.

3.2.2 T-Zellaktivierung

T-Lymphozyten bilden keine Antikörper und setzen auch ihre Antigenrezeptor-Moleküle nicht in irgendwelcher Spezialform frei. Nach

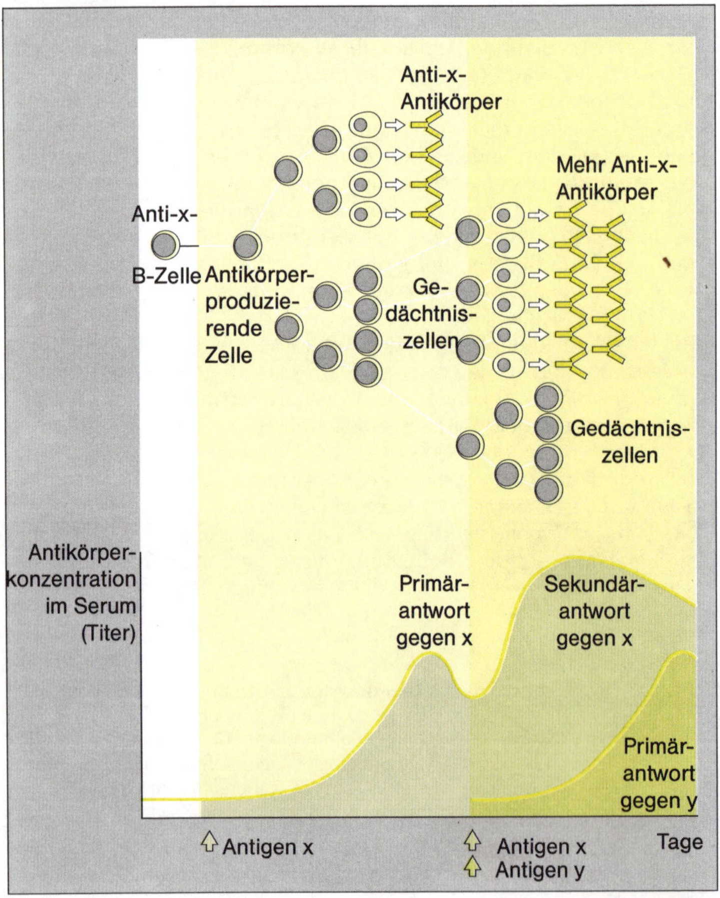

Antigenkontakt durchlaufen sie aber den B-Zellen vergleichbare Stufen der Aktivierung, Proliferation und Differenzierung und sezernieren schließlich eine Reihe verschiedener Zytokine (Abb. 12E). Zytokine spielen bei der Regulation der Funktion anderer Lymphozyten die Rolle wichtiger Mittlersubstanzen. Man hat erkannt, daß T-Zellen aufgrund des Musters der von ihnen produzierten Zytokinen in Typen oder Untergruppen mit unterschiedlichen Funktionen eingeteilt werden können. Dazu kommt, daß T-Zellen in ihrer Membran spezielle akzessorische Moleküle exprimieren, die für ihre Funktion ebenfalls bedeutungsvoll sind; diese Moleküle erwiesen sich zudem für den Immunologen als äußerst hilfreich bei der T-Zellidentifizierung und -klassifizierung. So exprimieren *T-Helferzellen* (auch als TH2-Zellen bekannt) auf ihrer Oberfläche CD4-Moleküle; diese Zellen «helfen» B-Lymphozyten bei der Antikörperproduktion, indem sie Zytokine bilden und sezernieren, welche Aktivierung, Proliferation und Differenzierung der B-Zellen fördern. Andere T-Lymphozyten, *zytotoxische T-Zellen* genannt, tragen an ihrer Oberfläche CD8-Moleküle. Man hat lange angenommen, $CD8^+$ T-Zellen bildeten ein Gegengewicht zur T-Zellhilfe und hemmten die Immunantwort; sie wurden daher auch als *T-Suppressorzellen* bezeichnet. Heute weiß man, daß sich T-Lymphozyten über die von ihnen produzierten Zytokine gegenseitig in ihrer Aktivität kontrollieren und auch die Funktion anderer Zellen des Immunsystems regulieren.

Die quantitative Bestimmung $CD4^+$ und $CD8^+$ T-Zellen erlangte klinische Bedeutung, da Veränderungen des natürlichen Verhältnisses zwischen den beiden Lymphozytenpopulationen Veränderungen der physiologischen Funktion des Immunsystems anzeigen. So do-

Abb. 13: Primäre und sekundäre Antikörperbildung sowie klonale B-Zell-Expansion. Zur Demonstration der Unterschiede zwischen primärer und sekundärer Immunantwort wird in einem typischen Experiment einem Versuchstier das Antigen «x» injiziert; die Antikörperkonzentration im Serum (Titer) wird täglich gemessen. Bei der Primärantwort stimuliert das verabreichte Antigen die Proliferation und die Differenzierung von B-Lymphozyten zu Antikörper-produzierenden Plasmazellen. Serumtiter durchlaufen ein Maximum und nehmen dann mit zunehmendem Verlust an Plasmazellen ab. Ein kleiner Anteil stimulierter B-Lymphozyten differenziert sich nicht zu Plasmazellen sondern überlebt als Gedächtniszellen. Bei einer zweiten (oder weiteren) Begegnung mit dem ursprünglichen Antigen setzt – als Resultat der durch den Erstkontakt ausgelösten klonalen Expansion – die Antikörperproduktion schneller ein und fällt quantitativ bedeutender aus. Diese Sekundärantwort ist spezifisch für das Antigen «x»: ein von «x» verschiedenes, gleichzeitig verabreichtes Antigen «y» löst eine Primärantwort aus.

miniert im Blut von AIDS-Patienten beispielsweise die $CD8^+$ T-Zellpopulation, was mit einer Beeinträchtigung der Immunfunktionen einhergeht.
Die genannten zytotoxischen T-Lymphozyten vermögen andere Zellen zu lysieren und sind in erster Linie verantwortlich für die Elimination virusinfizierter Zellen. Die infizierte Zelle wird zwar als Folge der zytotoxischen Reaktion zerstört, der Preis scheint jedoch nicht zu hoch, da dadurch die weitere Replikation der Viren verhindert wird. Schließlich beteiligen sich $CD4^+$ T-Zellen auch am Zustandekommen bestimmter Überempfindlichkeitsreaktionen. Diese Tdth oder TH1-Zellen («dth» steht für «*delayed-type hypersensitivity*», d.h. *Überempfindlichkeit vom Spättyp*) spielen eine Rolle bei zellvermittelten Immunreaktionen, auf die wir später eintreten werden; Beispiele sind die Zerstörung intrazellulärer Bakterien, einige Spielarten der Spättyp-Überempfindlichkeit, Autoimmunkrankheiten und Transplantatabstoßung. Sowohl T-Zellen, welche die Antikörperbildung der B-Lymphozyten unterstützen (TH2), als auch diejenigen, die bei der Überempfindlichkeit vom Spättyp beteiligt sind (Tdth), sind mit CD4-Molekülen ausgestattet. Sie unterscheiden sich jedoch bezüglich der von ihnen gebildeten Zytokine, was diesen Zellen erlaubt, verschiedene Aufgaben zu erfüllen.

3.2.3 NK-Zellen («large granular lymphocytes», LGL)

Eine dritte Lymphozytenpopulation verfügt über zwei merkwürdige Eigenschaften. Die Zellen weisen an ihrer Oberfläche weder Antikörper noch T-Zellrezeptor-Moleküle auf, und sie enthalten in ihrem Zytoplasma pharmakologisch aktive Substanzen in Form vieler Granula (Abb. 12F). Diese großen granulierten Lymphozyten («large granular lymphocytes», LGL) verfügen über zytotoxische Aktivität und spielen wahrscheinlich – wie bereits erwähnt – eine wichtige Rolle bei der unspezifischen Elimination neoplastischer und virusinfizierter Zellen sowie bei der Regulation der Bildung hämopoetischer Zellen im Knochenmark.

3.2.4 Zytokine

Die wichtigsten Vertreter dieser, in verschiedenem Zusammenhang mehrmals erwähnten Substanzen sind in Tab. 3 zusammengestellt. Eine aktivierte Zelle des Immunsystems produziert in der Regel mehr als ein Zytokin. Jedes einzelne Zytokin verfügt über ein Spektrum von Funktionen, die sich von Zielzelle zu Zielzelle unterscheiden. Die betreffende Zelle muß allerdings den entsprechenden Zytokinrezep-

Tab. 3: Zytokine mit wichtigen Immunfunktionen: Eine vereinfachende Darstellung der Zytokine ist aus folgenden Gründen immer ungenau: 1) verschiedene Zytokine weisen Überschneidungen ihrer Wirkungsspektren auf, sodaß sie sich funktionell vertreten können («Redundanz»); 2) einzelne Zytokine besitzen verschiedene Eigenschaften («Pleiotropismus»); 3) bestimmte Zytokine können von verschiedenen Zellen produziert werden; und 4) Zytokine beeinflussen sich gegenseitig («Antagonismus» und «Synergismus»).

Zytokin	Produktionsort	Hauptwirkung
Lymphozytenaktivierung		
IL-1α, IL-1β	Verschiedene Zelltypen	Initiale T-Zellaktivierung, Makrophagenaktivierung
IL-2	Aktivierte T-Zellen	T-Zellproliferation
IFN-γ	Aktivierte T_H1 Zellen, NK-Zellen	Makrophagenaktivierung, gesteigerte Expression von MHC-Klasse II-Molekülen
IL-4	Aktivierte T_H2 Zellen, Mastzellen	B-Zellaktivierung, IgE-«switch»
CD40-Ligand	T-Zellen, Mastzellen	B-Zellaktivierung, Ig-Klassen-«switch»
IL-10	Aktivierte T_H2 Zellen	Funktionshemmung von T_H1 Zellen und Makrophagen
TGF-β	Makrophagen, T-Zellen, Chondrozyten	Hemmung von Zellproliferation und Entzündungsreaktion
Lokale Entzündungsreaktion		
IL-5	T_H2-Zellen, Mastzellen	Proliferation und Differenzierung von eosinophilen Granulozyten, B-Zellen
IL-6	T_H2 Zellen, Makrophagen	Proliferation und Differenzierung von T- und B-Zellen
IL-8	Makrophagen, andere Zellen	Chemotaktisch für T-Zellen und neutrophile Granulozyten
IL-9	T-Zellen	Steigerung der Mastzellaktivität
IL-12	B-Zellen, Makrophagen	NK-Zellaktivierung, Differenzierung von T_H0 zu «T_H1-ähnlichen» Zellen
IL-13	T-Zellen	B-Zellproliferation und -differenzierung, Bildung entzündlich wirkender Zytokine in Makrophagen gehemmt
IFN-α, IFN-β	Leukozyten, Fibroblasten	Antiviraler Effekt, gesteigerte Expression von MHC-Klasse I-Molekülen
TNF-α	Makrophagen, NK-Zellen	Lokale Entzündung, Ektivierung von Endothelzellen
TNF-β	T- und B-Zellen	Zytotoxizität, Aktivierung von Endothelzellen
RANTES	T-Zellen, Thrombozyten	Chemotaktisch für Monozyten, T-Zellen und eosinophile Granulozyten
Systemische und Knochenmark-spezifische Effekte		
IL-1α, IL-1β	Verschiedene Zelltypen	Fieber, Wachstumsfaktor für hämopoetische Vorläuferzellen
c-kit-Ligand	Stromazellen des Knochenmarks	Aktivierung pluripotenter Stammzellen
IL-3 («multi-CSF»)	T-Zellen, Thymusepithelzellen	Wachstumsfaktor für hämopoetische Vorläuferzellen
IL-6	T_H2 Zellen, Makrophagen	Freisetzung von Akutphasenproteinen
Epo	Niere	Stimuliert Erythrozytenvorläufer
GM-CSF	Makrophagen, Endothelzellen, Fibroblasten	Stimuliert Proliferation und Differenzierung der Myelomonozyten-Linie
G-CSF	Makrophagen, Endothelzellen, Fibroblasten	Differenzierung neutrophiler Granulozyten

IL = Interleukin; IFN = Interferon; TGF = «tumor growth factor»; TNF = «tumor necrosis factor»; Epo = Erythropoietin

tor exprimieren, um überhaupt stimuliert zu werden. Die Zytokinbindung löst in der Zelle ein Signal aus, das bestimmte Gene aktiviert, die ihrerseits eine Aktivitätsänderung der Zelle bewirken. Die Bedeutung der Zytokin-vermittelten Aktivitätskontrolle der Lymphozyten selbst kann nicht genug betont werden. So ist die Aktivierung von T- und B-Zellen unabdingbar an die Signalübermittlung geknüpft, die durch Zytokinbindung an ihre Membranrezeptoren ausgelöst wird. Die multifunktionelle Wirkung der Zytokine wird als Pleiotropie bezeichnet, was wörtlich «Mehrfachwirkung» heißt. Man stellt sich am besten vor, daß diese wichtigen Mittlersubstanzen Teil eines Netzwerks darstellen, durch das die Aktivität der Zellen des Immunsystems und vieler anderer Körperzellen reguliert und kontrolliert wird. Auf diese Weise lassen sich auch Wechselwirkungen und gegenseitige Abhängigkeiten der Zellen des Immunsystems sowie weiterer physiologischer Systeme verstehen.
Ein Wort zur recht komplizierten Nomenklatur der Zytokine: *Lymphokine* und Monokine sind historisch ältere Bezeichnungen für Zytokine der Lymphozyten und Monozyten/Makrophagen; die Bezeichnung *Interleukine* umfaßt von Leukozyten gebildete Zytokine, die in erster Linie auf andere Leukozyten wirken; *Chemokine*, schließlich, spielen wegen ihrer chemotaktischen Aktivitäten vor allem eine Rolle bei der Auslösung einer Entzündungsreaktion. Der Begriff «Zytokin» selbst wird von einigen Autoren ausschließlich auf Moleküle angewandt, die Immunfunktionen beeinflußen, während wir ihn – mit vielen anderen – weiter fassen.

3.2.5 Moleküle des Hauptkomplexes der Histokompatibilitätsgene («major histocompatibility complex», MHC)

Alle Körperzellen der Säuger, und wahrscheinlich aller Vertebraten, weisen in ihrer Membran einen Satz von Proteinen auf, die Genprodukte des MHC darstellen. Man kennt zwei Typen dieser Membranmoleküle – Klasse I- und Klasse II-MHC-Moleküle. Diese Genprodukte steuern die Aktivität der T-Lymphozyten, da T-Zellen Fremdantigene nur in Assoziation mit MHC-Molekülen erkennen können. Der MHC enspricht beim Menschen einer Gengruppe, die das *HLA-System* kodiert, und zeichnet sich durch einen ausgeprägten *Polymorphismus* aus: die Wahscheinlichkeit zwei nichtverwandte Individuen mit einem identischen Satz von MHC-Produkten zu finden ist verschwindend klein. Diese individuelle Variabilität des MHC hat zur Folge, daß die MHC-Moleküle von Gewebe- oder Organtransplantaten im Empfänger als *Transplantationsantigene* wirken und eine Lymphozytenaktivierung auslösen, die zur Abstoßung des Transplantats führen kann.

3.2.6 Die verschiedenen Funktionen der Lymphozyten

Die Lymphozyten sind zur Erfüllung ganz bestimmter Aufgaben befähigt, die durch immunologisch spezifische Erkennungsvorgänge ausgelöst werden: Einige produzieren Antikörper, andere zerstören virusinfizierte Zellen, und weitere steuern die Aktivität anderer Zellen und Zellarten. Am Zustandekommen der Immunantwort sind einige oder alle dieser Lymphozytenpopulationen beteiligt; dabei beeinflussen sie sich gegenseitig auf komplexe Weise in förderndem oder hemmendem Sinn, um mit einem spezifischen Antigen fertig zu werden. Die Art der Immunantwort hängt ab von der Art des Antigens, der Antigendosis und dem Eintrittsweg des Antigens in den Körper. Zusätzlich spielen frühere Kontakte mit dem betreffenden Antigen sowie viele konstitutionelle Gegebenheiten des Wirtes eine wichtige Rolle. Die Lymphozyten führen jedoch beim Ausüben ihrer Funktionen kein Eigenleben; sie stehen vielmehr in einem Abhängigkeitsverhältnis untereinander und auch zu anderen Zellen sowohl was ihre Aktivierung als auch den Ausdruck ihrer immunologischen Aktivitäten anbelangt.

3.3 Phagozyten und Antigen-präsentierende Zellen

Makrophagen und Granulozyten betreiben aktiv Phagozytose, in deren Verlauf partikuläres Material (u.a. Bakterien, Viren sowie weitere Krankheitserreger) aufgenommen und verdaut wird. Der Vorgang der Phagozytose ist deutlich gesteigert und beschleunigt, wenn die Partikeln mit spezifischen Antikörpern beladen – *opsonisiert* – vorliegen, und der Opsonisierungseffekt wird durch die Beteiligung bestimmter Komponenten des Komplementsystems ein weiteres Mal verstärkt (Abb. 14).

Obschon Lymphozyten durch Antigenkontakt aktiviert werden, scheinen die meisten Antigene nicht direkt an T- oder B-Zellen zu binden. Vielmehr werden Antigenmoleküle üblicherweise an der Oberfläche von Zellen angeboten, die gesamthaft als *antigenpräsentierende Zellen (APZ)* bezeichnet werden (Abb. 15). Eine wichtige Gruppe der APZ sind die im Körper weit verbreiteten *dendritischen Zellen*. Die Funktion der APZ scheint darin zu bestehen, durch Abfangen von Antigenen deren Verbreitung im Organismus zu verhindern und eine lokale Immunantwort einzuleiten.

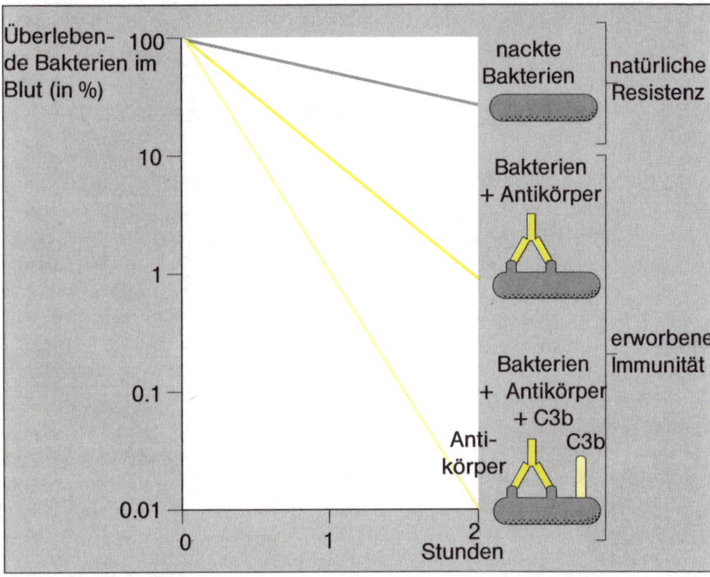

Abb. 14: Die Beeinflußung der Bakterien-Clearance aus dem Blut durch opsonisierende Antikörper und Komplement. Nackte Bakterien werden durch Mechanismen der natürlichen Resistenz nur verhältnismäßig langsam aus dem Blut eliminiert. Die Beladung der Bakterien mit spezifischen Antikörpern erleichtert das Anhaften an Phagozyten, die Fc-Rezeptoren besitzen, und die Eliminationsrate aus dem Blut ist beschleunigt. Phagozytierende Zellen weisen ebenfalls Rezeptoren für die Komplementkomponente C3b auf. Tragen die Bakterien an ihrer Oberfläche neben den Antikörpern zusätzlich noch C3b, wird das Anhaften an Phagozyten und die Bakterien-Clearance ein weiteres Mal gesteigert.

3.3.1 Dendritische Zellen

Dendritische Zellen in Lymphknoten und Milz fixieren auf ihrer Oberfläche Antigene, die in Lymphe oder Blut zirkulieren und präsentieren sie auf geeignete Weise benachbarten Lymphozyten. In ähnlicher Weise fangen dendritische Zellen außerhalb lymphatischer Organe Antigene ab und wandern – mit Antigen beladen – in lymphatische Organe ein, wo sie mit immunologisch reaktiven Zellen zusammentreffen. Lymphknoten und weiße Pulpa der Milz sind so

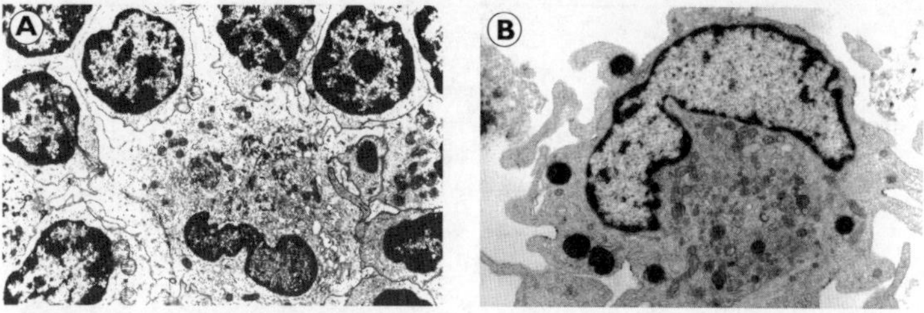

Abb. 15: Antigenpräsentierende Zellen. (**A**) Interdigitierende Zelle in der T-Zellzone eines Lymphknotens. Die im Bildzentrum liegende Zelle besitzt eine enorm große Oberfläche, auf der den benachbarten T-Lymphozyten Antigen präsentiert werden kann. (**B**) Dendritische Zellen sind die mobilen Vorläufer interdigitierender Zellen, die überall im Körper gefunden werden. Die abgebildete Zelle stammt aus der Gelenkflüssigkeit eines Patienten mit Arthritis; die große Zahl dendritischer Fortsätze, welche die große Zelloberfläche ausmachen, sind gut sichtbar. Dendritische Zellen exprimieren MHC-Klasse II-Moleküle. (Elektronenmikroskopische Aufnahmen von Stella Knight und Patsy Fryer.)

gebaut, daß in ihrem Mikromilieu ein enger Kontakt zwischen antigenpräsentierenden Zellen und Lymphozyten gewährleistet ist. Im antigenstimulierten Lymphknoten finden sich in der äußeren Rindenzone Lymphfollikel mit *Keimzentren*, in denen sich proliferierende B-Zellen (klonale Expansion), T-Zellen und dendritische Zellen in enger Nachbarschaft befinden. Keimzentren sind für die Produktion von Gedächtnis-B-Zellen wichtig. In tieferen Zonen des Lymphknotens proliferieren T-Lymphozyten (Abb. 16). Ähnliche Vorgänge spielen sich nach Antigenstimulation in der Milz ab (Abb. 17). Die Zusammensetzung der T-Subpopulationen in stimulierten Lymphknoten hängt ab von der Natur des Antigenreizes und von der Dauer der Immunantwort.

3.3.2 Makrophagen

Makrophagen sind ebenfalls zur Antigenpräsentation befähigt, scheinen in dieser Hinsicht jedoch den dendritischen Zellen nicht ebenbürtig zu sein. Die Hauptrolle der Makrophagen besteht in Aufnahme und Abbau von Antigenen, im Gegensatz zu derjenigen der nicht phagozytierenden dendritischen Zellen, die Antigene an ihrer komplexen und außerordentlich großen Oberfläche konzentrieren und so den Lymphozyten verfügbar machen.

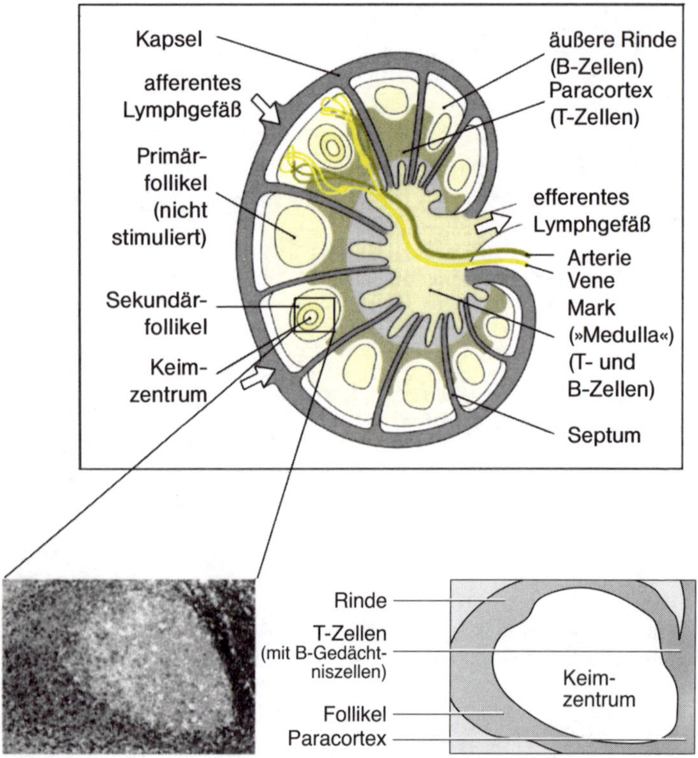

Abb. 16: Der Aufbau eines Lymphknotens. Der von einer Kapsel umschlossene Lymphknoten besteht aus einer äußeren und inneren (auch als «Paracortex» bezeichneten) Rindenzone und dem Mark (Medulla). Lymphozyten und Antigene gelangen über afferente Lymphgefäße in das Organ. Der Lymphknoten wird über ein Spaltsystem (Sinus) von Lymphe durchströmt, die im Bereiche der Medulla in die efferenten Lymphgefäße mündet. Die äußere Rindenzone enthält zahlreiche B-Zellaggregate, die Primärfollikel genannt werden. Nach Antigenstimulation entwickeln sich in den Primärfollikeln umschriebene Zonen verstärkter B-Zellproliferation (Keimzentren); Keimzentren-haltige Follikel werden als Sekundärfollikel bezeichnet. Die Lymphozyten der Follikel stehen in engem Kontakt mit Antigen-präsentierenden dendritischen Zellen. Der Paracortex enthält vorwiegend T-Lymphozyten, und in der Medulla finden sich – neben Plasmazellen – sowohl T- als auch B-Zellen. Jeder Lymphknoten besitzt eine individuelle Blutversorgung über die Lymphozyten ebenfalls in das Organ gelangen. (Mikroskopische Aufnahme von Peter Amlot.)

3.3.3 B-Lymphozyten

Während einer Antikörperreaktion treten auch aktivierte B-Lymphozyten als sehr effiziente Antigen-präsentierende Zellen auf. In dieser Rolle stellen sie wahrscheinlich den allerwichtigsten Zelltyp dar, der den Verstärkungseffekt bei sekundären Antikörperreaktionen gewährleistet. Das von aktivierten B-Zellen präsentierte Antigen stimuliert T-Helferzellen zur Produktion von Zytokinen, die ihrerseits die weitere Differenzierung von B-Zellen und die Antikörperproduktion auslösen. Dagegen ist zu Beginn der primären Immunantwort die Zahl spezifischer B-Zellen so niedrig, daß dendritische Zellen die Rolle der wichtigsten Antigenpräsentatoren übernehmen.

3.3.4 Mechanismen der Antigenverarbeitung und -präsentation

Bevor ein Antigen einer T-Zelle präsentiert werden kann, muß es von der APZ verarbeitet werden. Dies bedingt den enzymatischen Abbau des Antigens zu kleinen Peptiden. Einige dieser Peptide werden – sofern sie die passende Struktur bzw. Aminosäurensequenz aufweisen – an Klasse I- (Peptide mit 8 oder 9 Aminosäuren) oder Klasse II- (Peptide mit 12 oder mehr Aminosäuren) MHC-Moleküle gebunden, die als Rezeptoren für verarbeitete Peptide dienen. Klasse I- und Klasse II-Moleküle besitzen einen ähnlichen, jedoch nicht identischen Aufbau, so daß die Bindung der Peptide in leicht unterschiedlicher Weise erfolgt. Man unterscheidet mindestens zwei Hauptwege der Antigenverarbeitung (Abb. 18). Auf dem einen Weg werden Proteine verarbeitet, die von den APZ durch Phagozytose oder eine andere, meist Rezeptor-vermittelte Art der Endozytose aufgenommen und innerhalb von Lysosomen abgebaut wurden. Die durch den Abbau entstehenden Peptide assoziieren sich schließlich mit Klasse II-Molekülen, und der Komplex gelangt in die Zellmembran. Der andere Weg gilt für Proteine, die innerhalb der Zelle selbst gebildet werden; in diesem Fall verbinden sich die Abbaupeptide im Golgi-Komplex mit Klasse I-Molekülen und werden von dort in die Zellmembran transportiert. Von der Zelle selbst produzierte Proteine können sich auch mit Klasse II-Molekülen assoziieren, man ist sich aber über den Mechanismus noch nicht im klaren. Möglicherweise gelangen sie nach ihrem ersten Erscheinen in der Zellmembran durch Endozytose wieder ins Zellinnere und werden schließlich reexprimiert. Die Assoziation mit Klasse I-Molekülen ist besonders für die Präsentation viraler, naturgemäß in der Wirtzelle gebildeter Proteine von Bedeutung.

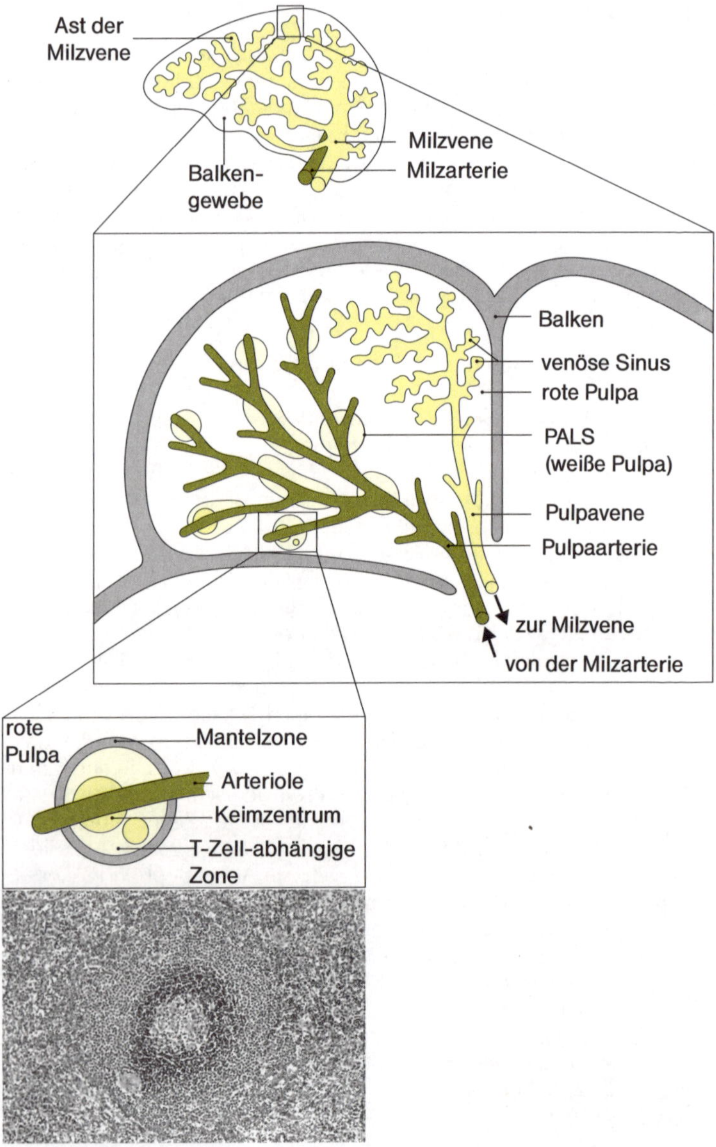
Ast der Milzvene
Balken-gewebe
Milzvene
Milzarterie
Balken
venöse Sinus
rote Pulpa
PALS (weiße Pulpa)
Pulpavene
Pulpaarterie
zur Milzvene
von der Milzarterie
rote Pulpa
Mantelzone
Arteriole
Keimzentrum
T-Zell-abhängige Zone

3.3.5 Gezielte T-Zellaktivierung

Auf diesen beiden Wegen der Antigenverarbeitung und -präsentation werden unterschiedliche Typen von T-Zellen aktiviert. Über den Endozytose-Weg unter Beteiligung von MHC-Klasse II-Molekülen sind dies $CD4^+$ T-Zellen wie T-Helfer- und Tdth-Zellen, über den Golgi-Weg mit MHC-Klasse I-Molekülen $CD8^+$ zytotoxische T-Zellen. Die Reaktion mit der einen oder anderen Klasse der MHC-Moleküle sowie mit unterschiedlich verarbeiteten Antigenen bestimmt auf diese Weise die Aktivierung von T-Lymphozyten mit unterschiedlichen akzessorischen Membranmolekülen (CD4 oder CD8), d. h. die Aktivierung ist eingeschränkt. Daraus läßt sich leicht ableiten, daß $CD4^+$ T-Helferzellen vor allem an Immunreaktionen gegen externe oder endogene Antigene beteiligt sind, während sich die Aktivität $CD8^+$ zytotoxischer T-Zellen hauptsächlich gegen Moleküle richtet, die von Körperzellen selbst gebildet werden. Da ja normalerweise alle kernhaltigen Zellen mit MHC-Klasse I-Molekülen ausgestattet sind, können antivirale Immunreaktionen im Rahmen der Infektabwehr an irgendeiner Stelle des Körpers ausgelöst werden. Andererseits finden sich im gesunden Organismus Klasse II-Moleküle nur auf den verschiedenen Typen antigenpräsentierender Zellen. Die durch Antigen induzierte Aktivierung von $CD4^+$ T-Helferzellen ist daher örtlich stärker eingeschränkt als diejenige $CD8^+$ Zellen, und zwar einfach aufgrund von Unterschieden in der zellulären Expression der Klasse I- und Klasse II-Moleküle.

Zusammengenommen bieten diese Mechanismen Gewähr dafür, daß eine T-Zellaktivierung am richtigen Ort, zur richtigen Zeit und nur als Reaktion auf verarbeitetes Antigen in Gang gesetzt wird. Der letztgenannte Punkt unterstreicht den grundlegenden Unterschied der Antigenerkennung durch T- und B-Lymphozyten. B-Zellen reagieren im allgemeinen mit intakten, T-Zellen nur mit abgebauten oder verarbeiteten Proteinen. Aktivierte B-Lymphozyten sind im übrigen zur Antigenpräsentation hervorragend geeignet: erstens dienen ihre

Abb. 17: Aufbau der Milz. Die Milz besteht aus der roten Pulpa, welche die weiße Pulpa umgibt; die weiße Pulpa ihrerseits umschließt die kleinen Arteriolen als periarterioläre Lymphozytenscheide (PALS). Lymphozyten gelangen mit dem Blut in die Milz, wo sie über die Wände der Arteriolen in die PALS auswandern. In den PALS bilden sich als Folge einer Antigenstimulation Keimzentren in analoger Weise wie im Lymphknoten. Makrophagen der Milz haben die Aufgabe, Fremdmaterial aus dem Blut abzufangen. Die Milz schützt daher vor allem gegen Infektionen mit im Blut zirkulierenden Mikroorganismen, während die Lymphknoten Schutz gegen Gewebeinfektion bieten.

Membranantikörper als Antigenrezeptoren, die nach erfolgter Bindung mit dem Antigen endozytiert werden, und zweitens weist ihre Zellmembran MHC-Klasse II-Moleküle in hoher Konzentration auf, welche Peptide verarbeiteter Antigene präsentieren können. Wenn man sich die geschilderten Umstände überlegt, kommt man zum richtigen Schluß, daß B- und T-Lymphozyten in vielen Fällen verschie-

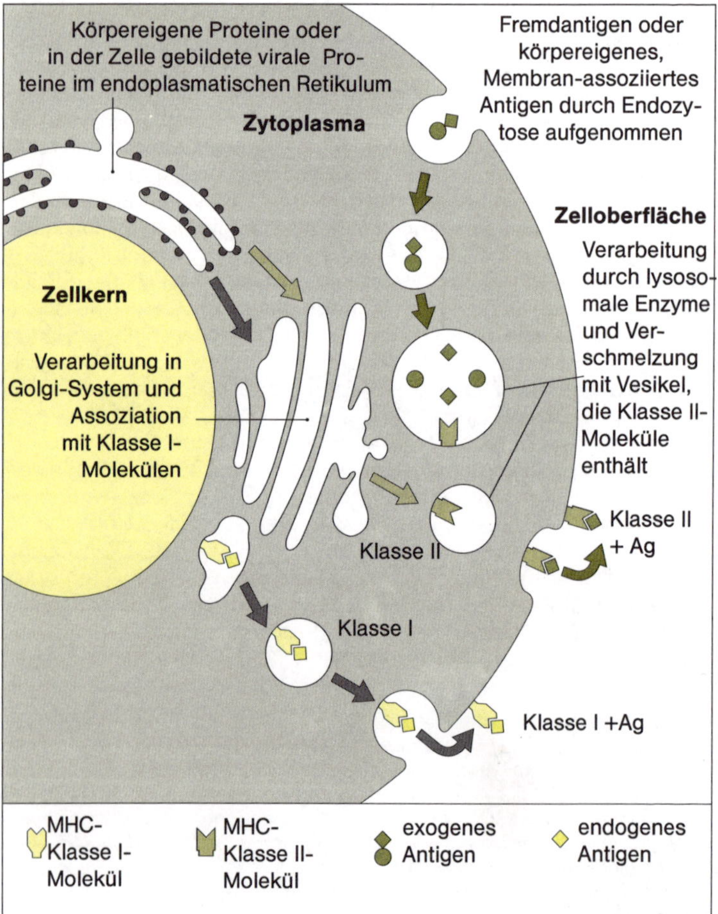

dene Teile desselben Proteinantigens erkennen können. Man bezeichnet die kleinen Antigenanteile, die mit dem TCR oder Antikörper reagieren, als *Epitope*. In späterem Zusammenhang wird ersichtlich, daß die Kenntnis derjenigen Epitope eines Antigens, die protektive Immunreaktionen gegen infektiöse Mikroorganismen auslösen, bei der Herstellung von Impfstoffen sehr nützlich ist.

3.3.6 Zellkooperation

Die wichtigsten Zellinteraktionen bei der Aktivierung von T- und B-Lymphozyten sind in Abb. 19 zusammengestellt. Mit Ausnahme einiger weniger Antikörperreaktionen scheinen T-Zellen an sämtlichen Immunantworten beteiligt zu sein. Vereinfacht ausgedrückt müssen Antigene immer von geeigneten Zellen präsentiert werden, und die Bildung der Effektorzellen – Plasmazellen und zytotoxische T-Zellen – wird durch T-Helferzellen verstärkt und durch andere T-Lymphozyten gehemmt. Unsere Vorstellungen über die molekularen Hintergründe der Zellkooperation sind noch unvollständig; man weiß jedoch, daß Antigen, MHC-Moleküle, weitere Hilfsmoleküle der Zellmembran sowie Zytokine für das erfolgreiche Zusammenspiel der Zellen des Immunsystems wichtig sind.

3.4 Weitere an Immunreaktionen beteiligte Zellen

Bei bestimmten Formen der Immunantwort sind neben den bereits erwähnten noch andere Zellen beteiligt (Abb. 20). Dabei handelt es

Abb. 18: Die Wege der Antigenverarbeitung. Die beiden wichtigen Wege, auf denen Proteinantigene für die Präsentation an T-Zellen verarbeitet werden. In der Zelle selbst produzierte Proteine (einschließlich viraler Proteine) werden zu Peptiden abgebaut; im Golgisystem werden die Peptide an MHC-Klasse I-Moleküle gebunden, in die Zellmembran transportiert und CD8-positiven T-Zellen präsentiert. Der andere Weg beginnt mit der Endozytose extrazellulärer Proteine; die aufgenommenen Proteine werden in endosomalen Vesikeln zu Peptiden abgebaut und an MHC-Klasse II-Moleküle gebunden, die dann in die Zellmembran gelangen und CD4-positiven T-Zellen präsentiert werden können. Der endosomale Pfad wird für die Verarbeitung von Fremdproteinen und von körpereigenen Proteinen, die sich mit der Zellmembran assoziieren, benutzt. MHC-Klasse II-Moleküle binden gewöhnlich im Golgiapparat ein sogenanntes «invariant chain»-Polypeptid, womit ihre Assoziierung mit körpereigenen Peptiden verhindert wird; möglicherweise kommt es trotzdem hie und da zur Bindung von Autopeptiden.

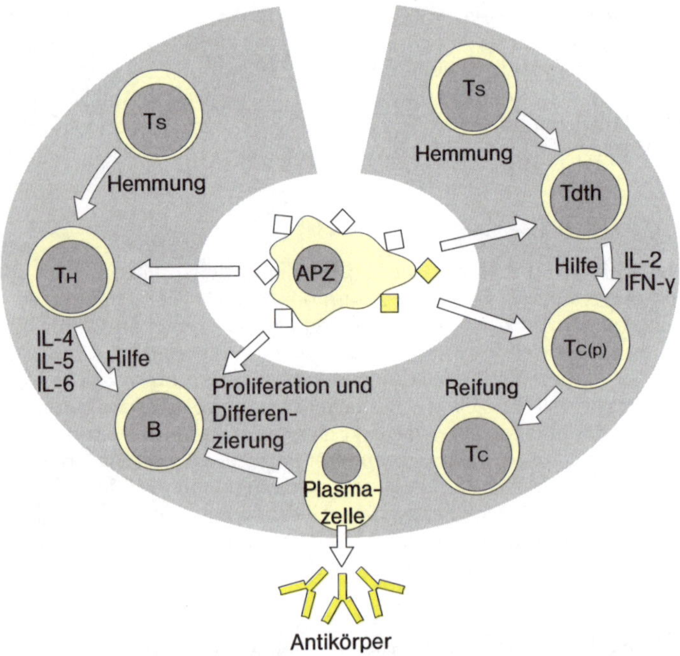

Abb. 19: Zellinteraktionen im Rahmen der Immunantwort. Verschiedene Antigene werden von verschiedenen Zellen präsentiert (APZ im Zentrum). B-Zellen reagieren mit intaktem Antigen auf APZ; sie werden dabei von CD4-positiven T-Helferzellen (TH) unterstützt, die ihrerseits in Assoziation mit MHC-Klasse II-Molekülen verarbeitetes Antigen erkennen. In sekundären Immunreaktionen können B-Zellen in der Rolle von APZ Antigen für T-Helferzellen präsentieren, was zu einer verstärkten Stimulation der B-Zellen führt. Zytotoxische T-Zellen (TC(P)) erkennen in Assoziation mit MHC-Klasse I-Molekülen verarbeitetes Antigen; ihre Aktivierung kann durch eine weitere Population von CD4-positiven T-Helferzellen (TDTH-Zellen) gefördert werden, was dann zur Zytokin-vermittelten Entstehung von Überempfindlichkeit vom Spättyp führt. Die Aktivierung der B-Zellen und der T-Helfer- sowie zytotoxischer T-Zellen steht unter gewisser Kontrolle durch CD8-positive T-Suppressorzellen (TS); ihre Aktivierung ist nicht notwendigerweise abhängig von der Präsentation verarbeiteten Antigens in Assoziation mit MHC-Molekülen. Die beiden Typen CD4-positiver T-Zellen regulieren sich in ihrer Aktivität ebenfalls gegenseitig. Auf allen Stufen hängen die Wechselwirkungen nicht nur von der Verfügbarkeit verarbeiteter Antigene und MHC-Molekülen ab sondern auch von Zytokinen, von denen die wichtigsten angegeben sind. Am physischen Kontakt zwischen den Zellen sind Adhäsionsmoleküle beteiligt.

sich um *Mastzellen, basophile* sowie *eosinophile Granulozyten*, NK-Zellen und sogenannte *«Lymphokin-aktivierte Killerzellen»* (LAK-Zellen).

3.4.1 Mastzellen und basophile Granulozyten

Die Granula der Gewebemastzellen enthalten pharmakologisch aktive Substanzen. Mastzellen können an ihre Oberfläche Antikörper der Klasse IgE (s. unten) fixieren. Die Bindung des spezifischen Antigens löst eine Degranulierung aus: die Inhaltsstoffe der Granula werden an die Umgebung abgegeben und setzen eine lokale entzündliche Reaktion in Gang, die sich in der Ansammlung von neutrophilen Granulozyten, Monozyten und Lymphozyten äußert. Damit gelangen die Zellen an den Ort des Geschehens, welche für die Reaktion

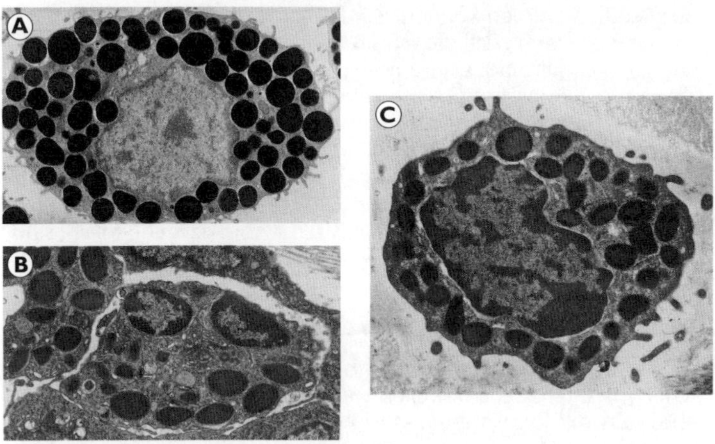

Abb. 20: Mastzellen sowie basophile und eosinophile Granulozyten. Diese Zellen sind den neutrophilen Granulozyten verwandt, üben jedoch spezialisierte Funktionen aus. Mastzellen (**A**) und basophile Granulozyten (**B**) binden IgE-Antikörper an ihre Oberfläche und spielen bei der allergischen Sofortreaktion (z.B. Asthma, Heufieber) sowie in der antiparasitären Immunität eine zentrale Rolle. Die in ähnlichen Immunreaktionen wichtige zytotoxische Funktion eosinophiler Granulozyten (**C**) ist ebenfalls von IgE- und gewissen Typen von IgG-Antikörpern abhängig. Alle drei Zellarten enthalten Granula mit pharmakologisch aktiven Entzündungsmediatoren, die durch Signale von Rezeptoren in der Zellmembran aktiviert werden.

mit dem Antigen und dessen Elimination am besten geeignet sind. Besonders viele Mastzellen finden sich im Bereich der Schleimhäute. In dieser Lokalisation sind sie wichtig bei der Abwehr inhalierter Antigene wie Pollen und Hausstaub, die durch das Auslösen allergischer Reaktionen vom Typ des *Heuschnupfens* die Atemwege schädigen, und bei der Verhinderung der Infektion mit gewissen Darmparasiten.
Basophile Granulozyten – den neutrophilen Granulozyten nahe verwandt – enthalten den Mastzellgranula einigermaßen entsprechende Granula, und auch ihre Reaktionsfähigkeit ist derjenigen der Mastzellen durchaus vergleichbar.

3.4.2 Eosinophile Granulozyten

Auch die Eosinophilen sind nahe Verwandte der neutrophilen Granulozyten. Es handelt sich um spezialisierte Zellen, die für das Abtöten extrazellulärer Parasiten wichtig sind, die wegen ihrer Größe nicht phagozytiert werden können. Zur Erfüllung dieser Funktion sind sie darauf angewiesen, daß die Parasiten mit Antikörpern der Klassen IgG und IgE beladen sind. Die Fähigkeit, extrazelluläre Mikroorganismen abtöten zu können, ist jedoch keine exklusive Eigenschaft der eosinophilen Granulozyten. Monozyten, Makrophagen und gewisse Lymphozyten sind ebenfalls imstande, mit Antikörpern beladene Mikroorganismen zu zerstören. Man bezeichnet diese Zellen gesamthaft als «Killerzellen» oder *K-Zellen*. Die bereits erwähnten NK-Zellen besitzen die Fähigkeit der extrazellulären Zytotoxizität ebenfalls, sind jedoch nicht auf die Beteiligung spezifischer Antikörper angewiesen.

3.4.3 Lymphokin-aktivierte Killerzellen (LAK-Zellen)

Diese Zellgruppe ist vorderhand besonders für den klinischen Forscher von Interesse. LAK-Zellen werden durch Inkubation von Lymphozyten mit Zytokinen *in vitro* hergestellt. Durch die Zytokinbehandlung werden die Zellen aktiviert und erlangen die Fähigkeit, gewisse neoplastische Zellen zerstören zu können. Zu LAK-Zellen tranformierte Patientenlymphozyten könnten sich daher in der Tumortherapie als wertvoll erweisen.

3.5 Antigenrezeptor-Moleküle

Die Zellen des Immunsystems vermögen mit Antigenen selektiv zu reagieren, weil sie entsprechende, spezifische Rezeptoren aufweisen. Jeder Lymphozyt erwirbt während seiner Entwicklung eine ihm eigene, einzigartige Spezifität, die darauf beruht, daß sich die Struktur seines Antigenrezeptors geringfügig von derjenigen jeder anderen Zelle unterscheidet. Biochemisch gesehen beruht die funktionelle Spezifität auf einer bestimmten Aminosäurensequenz des Rezeptormoleküls, die ihm seine besondere dreidimensionale Struktur verleiht. Man kennt drei große Gruppen von Molekülen, die als Antigenrezeptoren dienen. Die Unterschiede zwischen Rezeptoren einer Gruppe sind gering, doch zeigt sich innerhalb einer Gruppe ein hoher Grad von Polymorphismus.

3.5.1 Die Immunglobulin-Superfamilie

Antikörper gehören zur Proteingruppe der *Immunglobuline* und sind die Antigenrezeptoren der B-Lymphozyten. Historisch gesehen sind Antikörper die ersten Moleküle, denen die Fähigkeit zur Antigenbindung zugeschrieben werden konnte. Wie Antikörper sind jedoch auch die TCR-Moleküle der T-Lymphozyten und die antigenpräsentierenden MHC-Moleküle zur spezifischen Antigenerkennung oder -bindung befähigt.
Fortschritte in Proteinchemie und Molekulargenetik erlaubten genauere Untersuchungen dieser Rezeptoren. Dabei zeigte sich, daß diese Moleküle nicht nur funktionelle, sondern auch strukturelle und genetische Gemeinsamkeiten aufweisen. Tatsächlich sind die Ähnlichkeiten verschiedener Teile (*Domänen*) unterschiedlicher Rezeptoren so auffällig, daß man annimmt, sie seien allesamt Produkte eines primordialen Gens; das breite Spektrum der Rezeptor-Moleküle der höheren Wirbeltiere wäre demnach Folge von Diversifizierungen und Duplizierungen dieses «Ur-Gens». Aufgrund ihres historischen Primates werden Antikörper, zusammen mit TCR- und MHC-Molekülen (und ihrer Gene), der Immunglobulin-Superfamilie zugeordnet.
Diese Superfamilie zählt mehrere hundert weitere Mitglieder, von denen einige in Tab. 4 aufgeführt sind. Alle diese Moleküle sind an Erkennungs- und Interaktionsvorgängen beteiligt, die sich zwischen Zellen abspielen. Die polymorphen Antigenrezeptoren der Zellen des Immunsystems werden als spezialisierte Abkömmlinge von Molekülen betrachtet, die interzellulären Erkennungsmechanismen dienen. Einigen der aufgeführten Molekülen sind wir in Zusammenhang mit der Funktion der T-Lymphozyten (CD4 und CD8) oder der Adhäsion phagozytierender Zellen an das Gefäßendothel (CD18) bereits begegnet. Eine Besprechung der Komplement- und weiterer Rezeptoren folgt an späterer Stelle.

Tabelle 4: Die Immunglobulin-Supergen-Familie
Diese Liste gibt einen Eindruck der großen Spanne biologischer Aktivitäten von Molekülen, die – aufgrund ihrer strukturellen Verwandtschaft – der Immunglobulin-Supergen-Familie zugeordnet werden. Einige dieser Moleküle wie z.B. ICAM-1 und CD4 sind mehrfach aufgeführt, da sie mehr als eine Funktion versehen. Man beachte, daß alle Funktionen mit Erkennungsvorgängen an der Zellmembran einhergehen.

Kategorie	Mitglied
Antigenrezeptoren	Immunglobuline/Antikörper T-Zellrezeptoren α/β, γ/δ und CD4 MHC-Klasse I- und -Klasse II-Moleküle
Moleküle mit Lymphozyten-regulierender Funktion	CD2 (alle T-Lymphozyten) CD4 (T-Helfer Zellen) CD8 (zytotoxische T-Zellen) LFA-3 («leukocyte functional antigen»), ICAM-1 («intracellular adhesion molecule»)
Rezeptoren für konstante Regionen der Immunglobuline	Fc-Rezeptoren (verschiedene) Poly-Ig-Rezeptor der Epithelzellen
Neurale Moleküle	Thy-1, OX2, NCAM («neural cell adhesion molecule»), Contactin
Rezeptoren für Wachstumsfaktoren/Zytokine	Rezeptoren für PDGF, CSF-1, FGF, IL-1, IL-6, GCSF
Rezeptoren für Viren	HIV-1 (= CD4), Rhinovirus (= ICAM-1), Poliovirus
Antigene neoplastischer Zellen	CEA («carcinoembryonic antigen»), NCA, gp-70, MUC 18

In den folgenden Abschnitten werden Einzelheiten der Struktur der Antigenrezeptoren und damit unterschiedliche Rezeptorfunktionen näher untersucht. Die einzelnen Rezeptoren sind in schematischer Form und mit hervorgehobenen Ähnlichkeiten in Abb. 21 dargestellt. Eine der eindrücklichen Eigenschaften der MHC-, TCR- und Immunglobulinsysteme besteht darin, daß ihre Grundstrukturen bei allen Wirbeltieren identisch sind. Vom Gesichtspunkt der Evolution würde man dies von wichtigen Molekülen, deren ausgeklügelte Strukturen hochempfindliche Funktionen vermitteln, auch erwarten. Wir konzentrieren uns auf die Systeme beim Menschen, auch wenn das allgemeine Prinzip für die Antigenrezeptoren aller Säugerorganismen gilt.

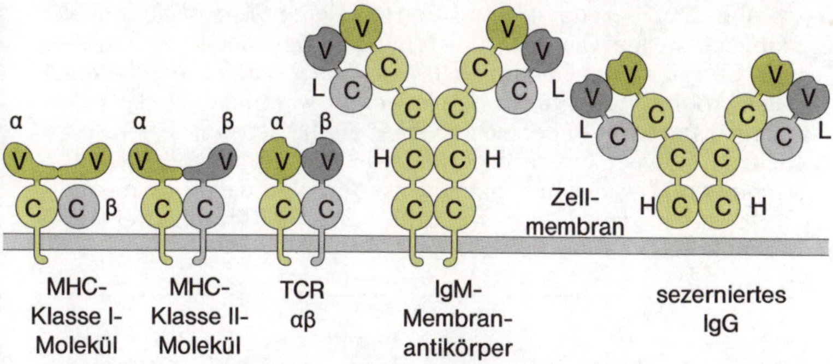

Abb. 21: Antigenrezeptoren. Man kennt drei Typen von Antigenrezeptoren: MHC-Moleküle, TCR-Moleküle und Immunglobuline (Antikörper). Alle weisen gemeinsame Merkmale auf, die auf ihre Evolution von einem gemeinsamen Vorläufermolekül hinweisen. Jeder der Rezeptoren besitzt Domänen, die innerhalb ihrer Gruppe entweder konstant (C) oder variabel (V) sind. Wegen dem in dieser Hinsicht mit Immunglobulinen vergleichbaren Aufbau werden diese Rezeptoren kollektiv als Mitglieder der Immunglobulin-Superfamilie bezeichnet.

3.5.2 Die Moleküle des MHC

MHC-Moleküle beider Klassen weisen eine ähnliche Grundstruktur auf und sind so in der Zellmembran verankert, daß sich ihre Antigenbindungsstellen gegen die Umgebung richten. Das an das MHC-Molekül gebundene, verarbeitete Antigenpeptid befindet sich in einer peripher gelegenen Nische; dies zeigt sich sehr deutlich in der schematischen Zeichnung in Abb. 22, welche das Resultat der röntgenkristallografischen Untersuchung eines HLA-Moleküls widergibt. Unterschiede in den Aminosäurensequenzen des flachen Bodens und der schraubenartig gewundenen Seitenwände dieser Nische des HLA-Moleküls bestimmen, was für ein Antigenpeptid gebunden werden kann. Dabei sind HLA-Moleküle nicht sehr wählerisch in der Auswahl der Peptide, mit denen sie eine Bindung eingehen; ihre Antigenspezifität ist daher, etwa im Vergleich zu derjenigen von Antikörpern, eher niedrig.

Klasse I- und Klasse II-Gene

Die chromosomale Anordnung der MHC-Gene ist sehr kompliziert. Eine vereinfachte Version des menschlichen HLA-Systems findet sich in Abb. 23. Für jedes Klasse I-Gen existieren viele *Allele*. Mit der konventionellen Gewebetypisierung unterscheidet man 26 Allele von Gen A, 35 von Gen B und 14 von Gen C. Jeder Mensch besitzt ein Chromosomenpaar mit diesen Genen, was bedeutet, daß jedermann bis zu sechs – aber nicht mehr – verschiedene Allele von Klasse I-Genen aufweist. Obschon die Klasse I-Moleküle als Produkte dieser Gene von allen Zellen exprimiert werden, sind daher nie mehr als sechs verschiedene Klasse I-Moleküle vorhanden. In ähnlicher Weise

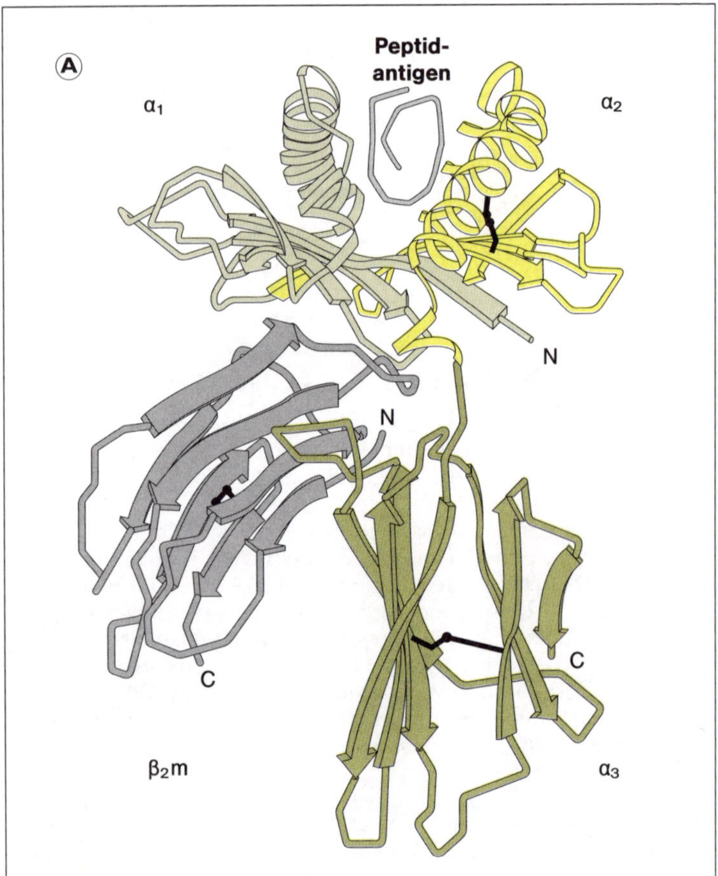

unterscheidet man viele Allele für jedes der Klasse II-Gene; die entsprechenden Angaben sind ebenfalls aus Abb. 23 ersichtlich. Produkte der Klasse II-Gene sind nicht auf jeder Zelle exprimiert; wo sie vorhanden sind, wird es wiederum nie mehr als sechs verschiedene Kombinationen der MHC-Klasse II-Moleküle geben, da diese ebenfalls von je drei Genen auf je einem Chromosomenpaar kodiert werden.

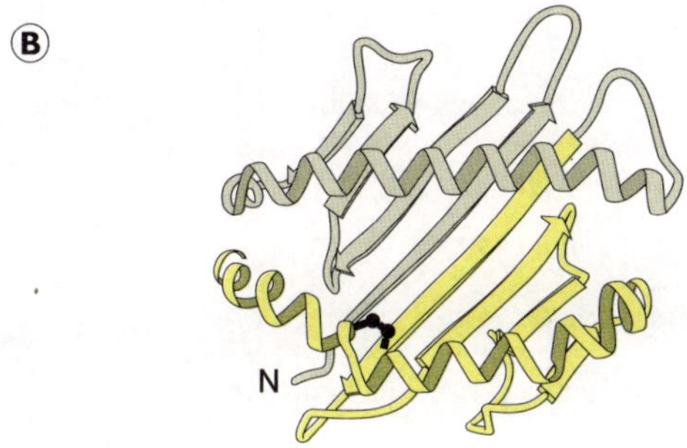

Abb. 22: MHC-Moleküle und verarbeitetes Antigen. Dieses Modell eines MHC-Klasse I-Moleküls geht auf eine Röntgendiffraktionsuntersuchung einer in Kristallform gereinigten Präparation von HLA-B27 Molekülen zurück, die von Lymphozytenmembranen stammen. Die charakteristische Struktur dieses Moleküls weist in Nähe der Zellmembran die eng gefalteten C-Domänen der großen α-Polypeptidkette und des β_2-Mikroglobulins auf; die beiden V-Domänen (α1 und α2) der α-Kette sind so gefaltet, daß eine Bindungsnische für das verarbeitete Antigenpeptid entsteht. Das Molekül ist in seitlicher Ansicht (**A**) und in der Aufsicht (**B**) wiedergegeben. Das Peptid sitzt in der Antigenbindungsstelle wie die Rosine im Kuchen. Der T-Zellrezeptor reagiert sowohl mit dem Peptid als auch mit den helikalen Anteilen des Moleküls (siehe *Abbildung 24*). Die Struktur der MHC-Klasse II-Moleküle ist sehr ähnlich, obschon die α- und β-Polypeptidketten vergleichbare Längen aufweisen und beide zur Bildung der Peptidbindungsstelle beitragen. Der ausgesprochene Polymorphismus dieser Moleküle geht zurück auf geringe Unterschiede der Aminosäurensequenzen in den helikalen Windungen, welche die Bindungsstelle seitlich begrenzen, und in den gestreckten Anteilen des Bodens der Nische. Die Aminosäurensequenzen legen fest, welche Peptide ein bestimmtes MHC-Molekül binden kann. (In der Abbildung ist die Vergrößerung von **B** doppelt so hoch wie die von **A**.)

Die HLA-Gene des menschlichen MHC

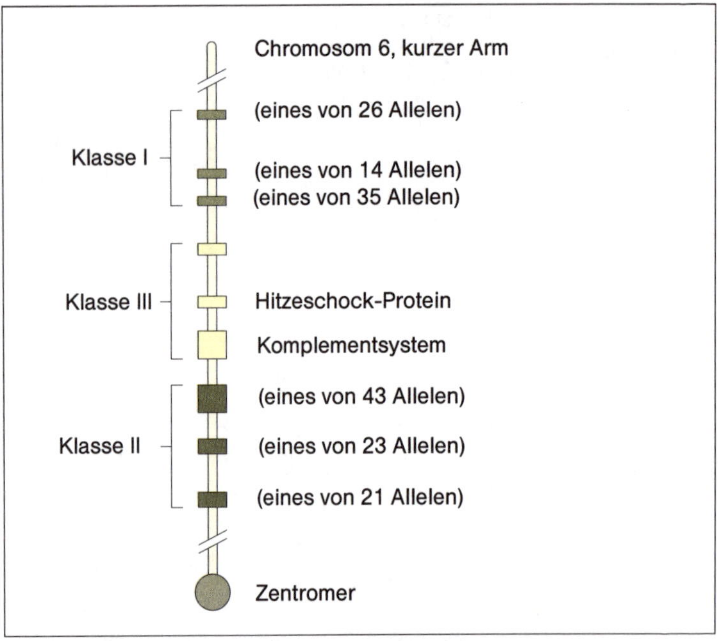

Abb. 23: Die HLA-Gene des menschlichen MHC. Dieses Schema zeigt die Anordnung der HLA-Gene auf dem menschlichen Chromosom 6; die Organisation des MHC bei Tieren ist vergleichbar. Man beachte die enge Nachbarschaft der Klasse I-, II- und III-Gene. Jedes Individuum weist je einen Satz dieser Gene von der Mutter und vom Vater auf, und besitzt demnach zwei Chromosomen mit MHC-Genen. Da alle Gene exprimiert werden können, sind auf der Oberfläche unserer Zellen bis zu sechs verschiedene Klasse I- und sechs verschiedene Klasse II-Moleküle vorhanden. Alle Klasse I- und Klasse II-Gene weisen einen hohen Grad an Polymorphismus auf, sodaß die Chance, zwei nichtverwandte Personen mit identischen MHC-Genen zu finden, verschwindend klein wird. Die in der Abbildung angegebene Zahl möglicher Allele ist mit Sicherheit eine Unterschätzung der Realität. Man beachte auch, daß Klasse III-Gene für Moleküle des Komplementsystems und für das Zytokin TNF kodieren; diese Gene sind verhältnismäßig stabil, und ihre Produkte weisen keine Antigenspezifität auf, sind aber von immunologischer Bedeutung.

Polymorphismus

Der Polymorphismus des HLA-Systems in der menschlichen Bevölkerung ist außerordentlich groß, obwohl in jedem Individuum verhältnismäßig wenige Allele für eine gleichermaßen eingeschränkte Zahl von Molekülen kodieren. Da jedoch jede Genposition durch irgendeines der möglichen Allele besetzt sein kann, ergeben sich so viele Kombinationsvarianten, daß die Wahrscheinlichkeit einer Übereinstimmung der HLA-Konstellation nichtverwandter Personen verschwindend klein ist. Zum besseren Verständnis der Unterschiede, die wir in bezug auf unsere HLA-Gene aufweisen, dient die folgende Übung. Man berechne die Anzahl der möglichen Kombinationen der A-, B- C-, DR-, DP- und DQ-Allele, indem die für jedes Gen möglichen Allele miteinander multipliziert werden. Jede mögliche Permutation wird als *Haplotyp* bezeichnet. Jedermann besitzt zwei verschiedene Haplotypen, die zusammen den Genotyp bestimmen. Die Zahl der verschiedenen Haplotyp-Paare – ein Maß für die Verschiedenheiten innerhalb einer Bevölkerung – entspricht dem Quadrat der Zahl der möglichen Haplotypen!

Klasse III-Gene

Auf dem Chromosomenabschnitt mit den HLA-Genen befinden sich noch weitere, als Klasse III-Gene bezeichnete, die den Immunologen ebenfalls interessieren. Darunter sind nämlich die Gene, die für Tumornekrose-Faktoren (TNF-α und TNF-β) – wichtige Zytokine – und einige Komponenten des Komplementsystems kodieren. Die gleichen Gene sind auch im MHC anderer Spezies vorhanden, was annehmen läßt, daß ihre Assoziation mit Klasse I- und Klasse-II-Genen nicht zufällig sein kann. Über die Bedeutung dieser Tatsache können jedoch vorläufig nur Vermutungen angestellt werden. Wir wissen lediglich, daß sich unter den Klasse III-Genprodukten des MHC auch Proteine befinden, die für Transport, Abbau und Schutz intrazellulärer Proteine eine wichtige Rolle spielen. Ihre Hauptaufgabe könnte darin bestehen, den Abbau von Proteinen während ihrer Synthese zu verhindern und auch Proteine gegen verschiedene Formen der Denaturierung, z.B. durch Hitze, zu schützen. Die gleichen Proteine scheinen auch bei der bereits erwähnten Antigenverarbeitung beteiligt zu sein.

Man nimmt allgemein an, beim gesamten MHC handle es sich um eine Ansammlung von Genen, die mit ihren Produkten dafür sorgen, daß das für den Umgang mit intrazellulären Proteinen notwendige Instrumentarium zur Verfügung steht.

3.5.3 Der T-Zellrezeptor (TCR)

Der komplex gebaute TCR besteht aus verschiedenen Polypeptiden, von denen ein Kettenpaar die Antigenspezifität bestimmt. Am häufigsten ist die Kombination je einer α- und β-Kette, eine weitere besteht aus γ- und δ-Ketten. Die TCR-Moleküle sind, wie alle andern Antigenrezeptoren, Bestandteile der Zellmembran und erkennen das von MHC-Molekülen präsentierte Antigen (Abb. 21).
Der TCR muß demnach gleichzeitig mit einem Peptidantigen und einem MHC-Klasse I- oder MHC-Klasse II-Molekül reagieren. Das $\alpha\beta$-Kettenpaar funktioniert für sich allein genommen nicht als Rezeptor; die beiden Polypeptidketten sind nur in enger Beziehung zu anderen Peptiden der T-Zellmembran, die gesamthaft das CD3-Molekül ausmachen, funktionstüchtig. CD3 ist ein weiteres Produkt der Immunglobulin-Supergenfamilie und besteht aus einem Komplex verschiedener Membranproteine, der nach der Antigenerkennung das Aktivierungssignal ins Innere der Zelle abgibt. Die akzessorischen Moleküle CD4 und CD8 bestimmen, ob eine bestimmte T-Zelle mit Antigen reagiert, das an MHC-Klasse I- oder an MHC-Klasse II-Molekülen gebunden vorliegt. CD4-Moleküle interagieren nur mit MHC-Klasse II-Molekülen und CD8 nur mit solchen der Klasse I. Weitere Adhäsionsmoleküle stabilisieren die Kontakte und verstärken die Wechselbeziehung zwischen T-Lymphozyten und APZ (Abb. 24).
Das Verhalten von T-Zellen mit $\gamma\delta$-Rezeptoren ist etwas anders. Erstens finden sich T-Lymphozyten dieser Art vor allem im Bereiche von Epithelien (Haut, Darm, u. s. w.) und nur in geringer Zahl in organisierten lymphatischen Organen. Zweitens scheinen sie zur Antigenerkennung nicht auf die Antigenverarbeitung und -präsentation durch APZ angewiesen zu sein. Sie zeigen sogar überhaupt keine Interaktion mit MHC-Molekülen wie dies T-Zellen mit $\alpha\beta$-Rezeptoren tun.
Die Segmente der α-und β-Ketten des TCR, die mit Peptiden und MHC-Molekülen reagieren, weisen von Molekül zu Molekül beträchtliche Unterschiede auf, viel größere als alle übrigen Abschnitte der Polypeptidketten. Diese Bindungsstellen werden daher als variable Domänen (Vα und Vβ) bezeichnet; die Primärsequenz der V-Domänen bestimmt, mit welcher Kombination von Peptid und MHC-Molekül eine bestimmte T-Zelle am besten reagiert. Der beachtliche Polymorphismus der V-Domänen beruht auf einem genetischen Mechanismus, der übrigens auch beim Zustandekommen der Antikörpervielfalt ins Spiel kommt.

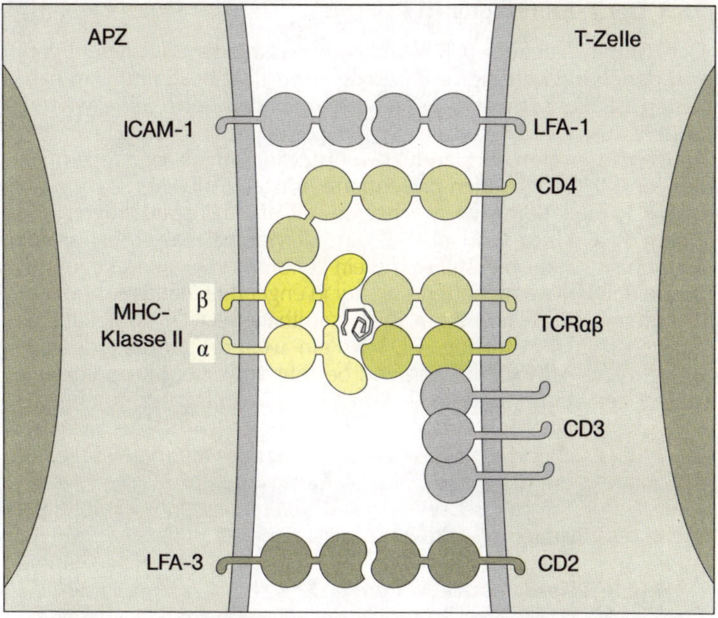

Abb. 24: Die Wechselwirkungen zwischen T-Lymphozyten und Antigenpräsentierenden Zellen. Hier sind einige Moleküle dargestellt, die an der direkten Interaktion zwischen einem T-Lymphozyten und einer APZ beteiligt sind. Das TCR-Molekül (bestehend aus einer α- und einer β-Kette) reagiert mit einem Peptid, das von einem MHC Klasse II- (oder Klasse I-) Molekül der APZ präsentiert wird. Das akzessorische CD4- (oder CD8-) Molekül der T-Zelle stabilisiert die TCR-MHC-Wechselwirkung und verlängert den Kontakt zwischen den beiden Partnern. Dies ermöglicht den akzessorischen CD3-Polypeptidmolekülen Signale zu übermitteln, die schließlich zur Aktivierung von Genen im Kern der T-Zelle führen. Der initiale Kontakt zwischen den TCR- und MHC-Molekülen der beiden Zellen wird durch Interaktionen zwischen Adhäsionsmolekülen – ICAM-I, LFA-1 und LFA-3 der APZ, CD2 der T-Zelle – vermittelt.

Das TCR-Repertoire

Alle T-Zellen beginnen ihr Dasein mit demselben Sortiment kleiner *Gensegmente* in ihrer *Keimbahn-DNA*. Bei der Reifung im Thymus werden einige dieser Gensegmente zufällig ausgewählt und zu einem kompletten V-Gen neu zusammengesetzt («Rearrangement», «*Genrekombination*»), das den variablen Teil des TCR-Peptids kodiert.

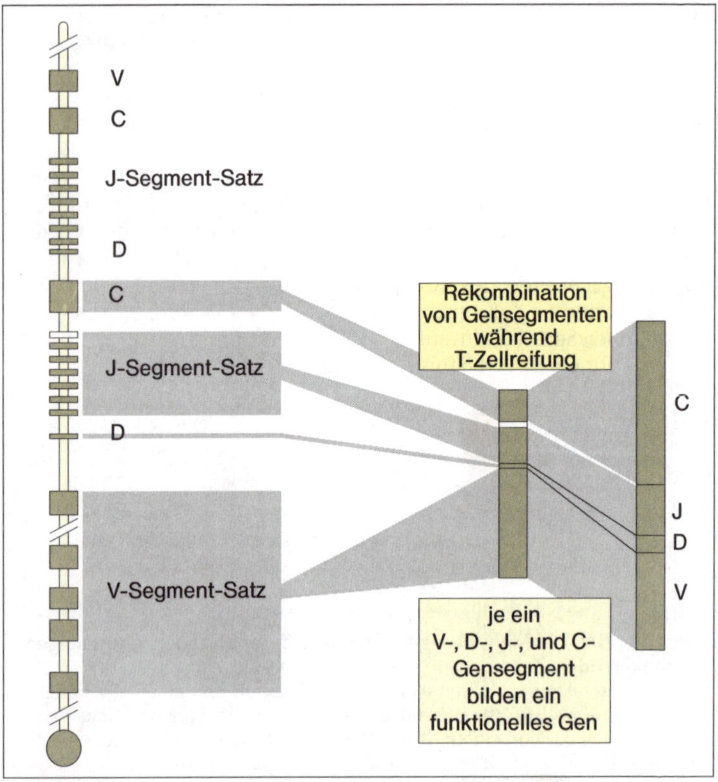

Abb. 25: Die Gene der β-Kette des T-Zellrezeptors. Man kennt drei «Gen»-Sätze, die für die TCR-Polypeptidketten kodieren. Während der Entwicklung jeder einzelnen T-Zelle führt eine zufällige Rekombination von Gensegmenten zur Bildung eines funktionellen Gens. In der Abbildung dargestellt ist nur der β-Satz, der die β-Kette des TCR kodiert. Die Gene für die α, γ und δ-Ketten sind ähnlich angeordnet, befinden sich jedoch auf anderen Chromosomen. Der Mechanismus der Rekombination ist identisch mit demjenigen, der in B-Zellen zur Bildung des Ig-Rezeptor-Gens führt (siehe *Abbildung 29*).

Die Segmente sind in drei Gruppen angeordnet, von denen je ein V-, ein D- sowie ein J-Segment ausgewählt und zu einem ganz speziellen VDJ-Gen rearrangiert wird, das dem Kode für die Vβ-Domäne entspricht (Abb. 25). Man kennt etwa 25 verschiedene Vβ-, 2 Dβ-

und 12 Jβ-Allele, was die Kombination zu 600 unterschiedlichen VDJβ-Ketten ermöglicht. Derselbe Mechanismus der Genrekombination liegt der Bildung von etwa 5000 verschiedenen α-Ketten zugrunde. Die zufällige Paarbildung irgendeiner α- mit irgendeiner β-Kette erlaubt die Entstehung von über 360000 verschiedener TCR αβ-Ketten. Tatsächlich ist die Gesamtzahl der Möglichkeiten – Repertoire genannt – noch viel höher, denn die vielen Feinheiten der Rekombinationsmöglichkeiten der VDJ-Segmente bringen die Gesamtzahl unterschiedlicher TCR αβ-Rezeptoren wahrscheinlich auf über 10^{17}. Zahlen ähnlicher Größenordnung gelten für die Kombinationsmöglichkeiten des TCR γδ-Rezeptors. Aus diesen Berechnungen geht hervor, daß unser T-Zellrepertoire eine immense Zahl verschiedener Spezifitäten aufweist, von denen wir während unseres Lebens nur einen verhältnismäßig kleinen Teil benutzen.

3.5.4 Antikörper (Immunglobuline, Ig)

Jedes Antikörpermolekül besteht aus einer oder mehr Grundeinheiten, deren jede wiederum aus vier Polypeptidketten – zwei identische schwere (H- für «heavy») und zwei identische leichte (L-) Ketten – aufgebaut und zu einer Y-förmigen Struktur zusammengefügt ist. Innerhalb des Moleküls besitzen die beiden kurzen Arme dieselbe Struktur und bilden die Antigenbindungsstellen (Abb. 26).

Wenn wir die Aminosäurensequenzen der antigenbindenden Stellen vieler verschiedener Antikörpermoleküle vergleichen, stellen wir große Unterschiede fest. Analog zur Situation bei den TCR-Molekülen werden sie als variable (V-) Regionen bezeichnet, und diese variablen Anteile bestimmen die Antikörperspezifität. Unterschiedliche Antikörper weisen in ihren Antigenbindungsstellen Unterschiede der Aminosäurensequenzen auf und binden unterschiedliche Antigene. Der Aufbau des «Stamms» des Moleküls ist anders als derjenige der Arme. Dieser Teil kann kein Antigen binden, zeigt beim Vergleich verschiedener Antikörper weniger Variabilität und wird folgerichtig als konstante (C- für «constant) Region bezeichnet.

Tatsächlich gibt es trotzdem einige strukturelle Unterschiede in den C-Regionen der Antikörpermoleküle. Diese Verschiedenheiten dienen – völlig unabhängig von der Antigenspezifität der Antikörper – der Einteilung in bestimmte Immunglobulinklassen; die Klassenunterschiede zeigen sich in charakteristischen biologischen Verhaltensmustern nach erfolgter Antigenbindung. Die Hauptklassen beim Menschen sind IgG, IgM, IgA, IgE und IgD (Abb. 27). Die konstanten Anteile der H-Ketten, welche die Imunglobulinklasse bestimmen, heißen μ für IgM, γ für IgG, α für IgA, δ für IgD und ε für IgE. Wir

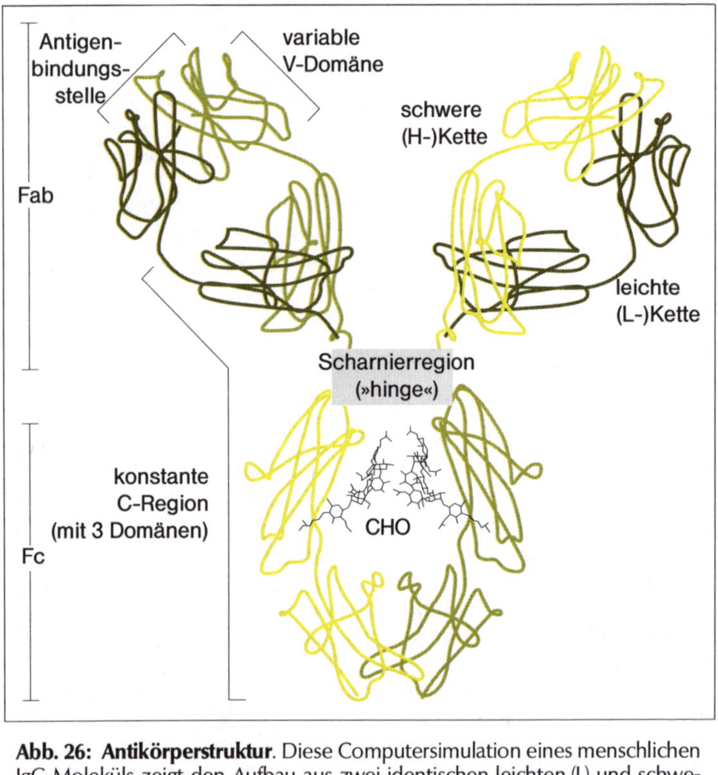

Abb. 26: Antikörperstruktur. Diese Computersimulation eines menschlichen IgG-Moleküls zeigt den Aufbau aus zwei identischen leichten (L) und schweren (H) Polypeptidketten. In jedem der Fab-Anteile des Moleküls tragen L- und H-Ketten je drei CDR-Schleifen (CDR = «complementarity determining region»; siehe Text) zum Aufbau der Antigenbindungsstelle bei. Die Scharnierregion («hinge region») sorgt für die Verbindung der Fab-Anteile mit dem Fc-Ende; der genaue Aufbau des «Scharniers» ist nicht bekannt, sie verleiht den beiden Antigenbindungsstellen jedoch beschränkte Flexibilität, was die Vernetzung mit Antigenen erleichtert. Die Effektorfunktionen des Antikörpermoleküls stehen mit dem Fc-Teil in Zusammenhang, der aus den konstanten Anteilen der H-Ketten und einigen Kohlehydraten (CHO) besteht. (Computerabbildung von Brian Sutton.)

setzen uns später mit dem Phänomen auseinander, daß jede B-Zelle während der Antikörperproduktion die Ig-Klasse wechseln kann. Die L-Ketten der Immunglobuline aller Klassen sind entweder vom Typ $\varkappa$ oder λ. Immunologen bezeichnen den Stammarm des Ig-Moleküls, der Klassenzugehörigkeit und biologisches Verhalten bestimmt, als Fc-Teil und die beiden Arme mit den Antigenbindungsstellen als Fab-Teile.

Antikörper an der Oberfläche von B-Zellen weisen am Ende des Fc-Teils eine zusätzliche kleine Domäne auf, welche die Verankerung des Moleküls in der Membran gewährleistet. Wie das TCR-Molekül steht auch der Membran-Antikörper in Assoziation mit einigen weiteren Polypeptidketten, die bei der Auslösung des Aktivierungssignals nach der Antigenbindung eine Rolle spielen (Abb. 28). Im Gegensatz zu TCR- und MHC-Molekülen verfügen Antikörper über zwei Antigenbindungsstellen und verbinden sich direkt mit intakten Antigenen, die vorgängig nicht verarbeitet werden mußten. Die meisten Membran-Antikörper antigenreaktiver B-Zellen gehören entweder der IgG- oder der IgM-Klasse an.

Das Antikörper-Repertoire

Die strukturelle Vielfalt der V-Regionen der Antikörper, und damit das Spektrum ihrer Spezifitäten, entsteht auf ähnlichen Grundlagen wie eben für T-Zellen beschrieben. Jede Zelle verfügt in der Keimbahn-DNA über einen Satz von Gensegmenten, die durch zufällige Rekombinationen zu funktionellen Genen zusammengesetzt werden, welche die V-Regionen der H- und L-Ketten kodieren (Abb. 29). Für die H-Ketten stehen etwa 300 V-, 10 D- und 4 J-Segmente für die Kombination zu 12000 verschiedenen V_H-Genen zur Verfügung. Entsprechend erlauben annähernd 300 V- und 4 J-Segmente etwa 1200 Kombinationen zu V_L-Genen. Da in der Entwicklungsphase jeder einzelnen B-Zelle jede beliebige H- mit jeder beliebigen L-Kette gepaart werden kann, ist die Bildung von Antikörpern mit mindestens 14400000 verschiedenen Spezifitäten möglich! Die tatsächliche Zahl ist wegen der unterschiedlichen Art der Rekombination verschiedener Gensegmente und wegen dem später eintretenden Einfluß von *Mutationen* noch viel höher. Dessen ungeachtet beeindruckt die Tatsache, daß weniger als 1000 Gensegmente genügen, um diese eindrückliche Vielfalt an Antikörperspezifitäten hervorzubringen. Vor der Entdeckung dieser Mechanismen haben sich die Forscher den Kopf darüber zerbrochen, wie die Antikörpervielfalt zustandekommt; der gesamte DNA-Bestand eines Menschen reicht nämlich nicht aus, komplette Gene für Antikörper aller möglichen Spezifitäten bereitzustellen. Mit der selektiven Rekombination von

Klasse	Grundstruktur	Hauptfunktionen
IgG	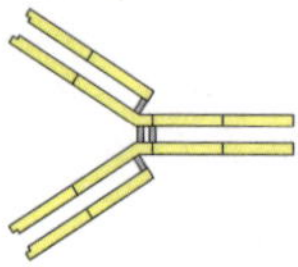	schützt den Extravaskulärraum vor Mikroorganismen und deren Toxinen
IgM	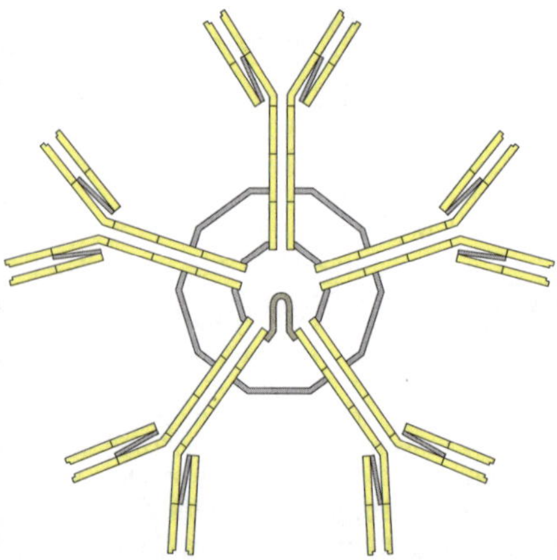	wirksame erste Abwehrlinie gegen Mikroorganismen im zirkulierenden Blut
IgA	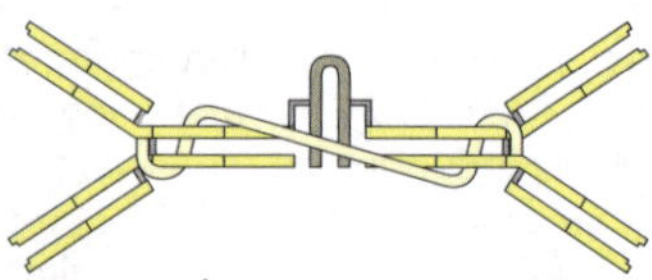	schützt Schleimhautoberflächen
IgD	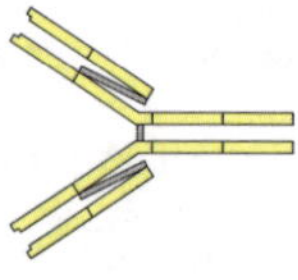	beeinflußt Lymphozytenfunktionen
IgE	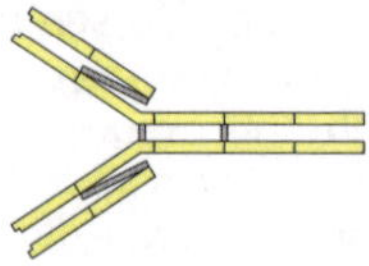	schützt gegen Darmparasiten; verantwortlich für viele allergische Symptome

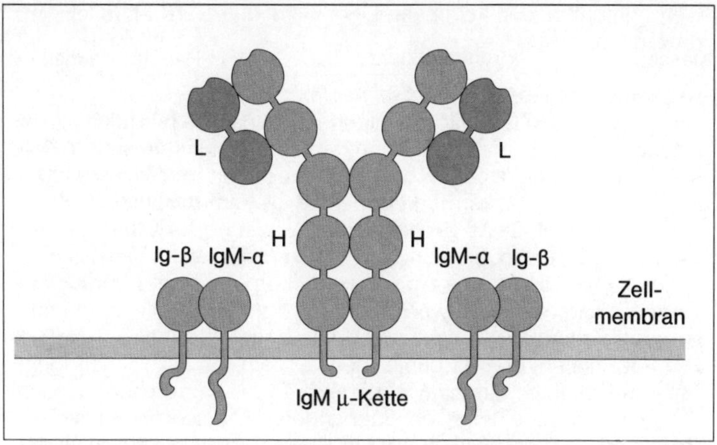

Abb. 28: Antikörper als Antigenrezeptor der B-Lymphozyten. Antikörper in der B-Zellmembran binden Antigene, die in nativer Form durch spezialisierte APZ in Milz und Lymphknoten präsentiert werden. Die Ig-Moleküle sind in der Zellmembran frei beweglich; ihre Aggregation durch die Reaktion mit in konzentrierter Form präsentiertem Antigen ermöglicht den akzessorischen Molekülen (*α*- und *β*-Ketten) der Membran-Immunglobuline die Übermittlung von Aktivierungssignalen zum B-Zellkern. Die Rezeptormoleküle sind mit den von der B-Zelle sezernierten Antikörpern identisch, besitzen jedoch an ihren H-Ketten eine Zusatzdomäne zur Verankerung in der Membran. Neben dem dargestellten Membran-IgM funktionieren auch Immunglobuline anderer Klassen als Rezeptoren.

Abb. 27: Immunglobulin-Klassen. Der Aufbau von IgG zeigt die Grundeinheit des Immunglobulinmoleküls, die aus zwei identischen leichten und zwei identischen schweren Polypeptidketten besteht. IgM ist ein Pentamer der Grundeinheit, sekretorisches IgA ein Dimer (zusätzlich mit zwei weiteren Polypeptidketten, J-Kette und sekretorischer Komponente, ausgestattet). IgD weicht in seinem Aufbau wenig von IgG ab, und IgE besitzt eine zusätzliche globuläre Domäne.

Gensegmenten der Keimbahn-DNA wird dieses Problem elegant umgangen.

Antikörpersynthese und Wechsel der Immunglobulinklasse
Die Aktivierung des antikörperbildenden Apparates bewirkt, daß die B-Lymphozyten Ig-Moleküle ohne den zur Verankerung in der Zellmembran notwendigen Zusatz am Fc-Ende produzieren. Diese Moleküle sind sezernierbar und erscheinen als Immunglobuline im zirkulierenden Blut. Der B-Zellaktivierung folgen noch weitere interessante Vorgänge. So produzieren und sezernieren die meisten B-Zellen zunächst IgM, den typischen Antikörper primärer Immunantworten. Viele von ihnen wechseln jedoch später auf die Produktion von Antikörpern anderer Ig-Klassen. Diese «neuen» Antikörper besitzen Spezifitäten, die mit denjenigen der «alten» vollkommen identisch sind: zu ihrer Bildung wird nämlich das ursprüngliche VHGen in Kombination mit einem Gen einer anderen C-Region benutzt. Dieser Prozeß, mit der durchaus verständlichen Bezeichnung Immunglobulin-*Klassenwechsel,* bewirkt beispielsweise, daß Antikörper identischer Spezifitäten gleichzeitig als IgG mit dem Blut durch die Gewebe zirkuliert und als sekretorisches IgA die Schleimhäute von Darm und Lungen schützt. Dieser Klassenwechsel kommt folgendermassen zustande. Das funktionelle Gen für die V-Region einer H-Kette ist vom Gen weit getrennt, das die konstante Region des Polypeptids kodiert. Die V- und C-Gene werden so abgelesen, daß ein kontinuierliches VC-Peptid entsteht. Wird die B-Zelle wiederholt durch Antigen stimuliert, ändert sich mit der Zeit der von ihr produzierte Typ der H-Kette. Der Ig-Klassenwechsel steht unter wechselseitiger Kontrolle verschiedener Zytokine wie IL-4, IL-5, IL-6 und IFN-γ. Die B-Zelle benutzt zwar immer das ursprünglich rekombinierte VDJ-Gen, verbindet es jedoch mit einem andern der C-Gene, die auf dem Chromosom aufgereiht zur Verfügung stehen. Wenn die Zelle mit der Synthese des neuen Immunglobulins beginnt, wird das nicht benutzte DNA-Segment zwischen den V- und C-Genen als Schleife angelegt und so aus dem Verkehr gezogen. Der Ig-Klassenwechsel steht auch in engem Zusammenhang mit dem Entstehen des B-Gedächtnisses. Während der B-Zelldifferenzierung können auch Mutationen der VDJ-Gene auftreten, was die Antigenspezifität leicht verändert.

Mutation der Antikörper-Gene
Ein weiterer Vorgang, der die Expansion der B-Zellklone und die Bildung von Gedächtnis-B-Zellen begleitet, ist die Mutation von Genen, welche für die V-Region der Immunglobuline kodieren. Dies

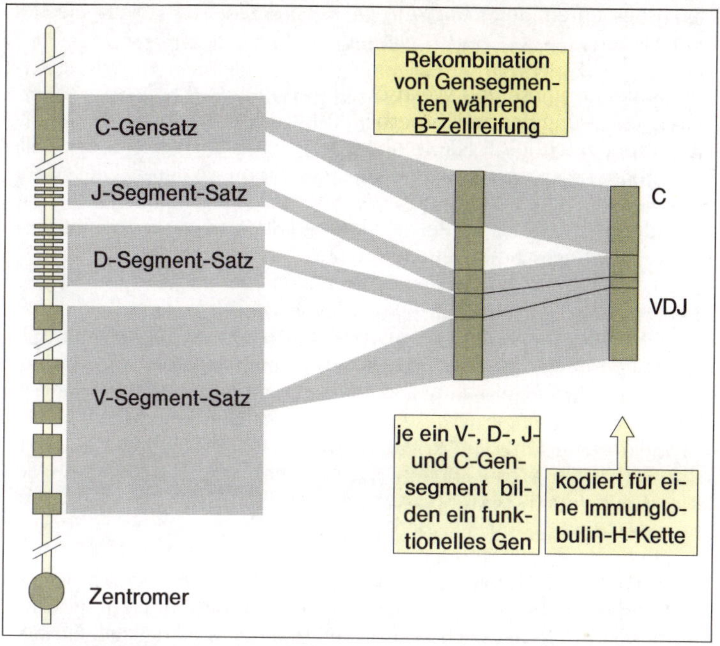

Abb. 29: Gene der H-Kette von Immunglobulinen. Die Abbildung zeigt die Anordnung der Gene, die für die H-Kette der Immunglobuline kodieren. Wie bei den TCR-Genen (*Abbildung 25*) besitzt jede unreife B-Zelle Sätze von Gensegmenten, die für die Bildung funktioneller Gene zufällig rekombiniert werden. Die Tatsache, daß zu diesem Zweck viele verschiedene V-, D- und J-Gene verfügbar sind, gestattet eine außerordentlich große Zahl verschiedener VDJ-Kombinationen; jede Kombination führt zur Produktion einer Antikörper-H-Kette mit spezieller Aminosäurensequenz und damit einzigartiger Antigenspezifität. Ähnliche Rearrangements von Gensegmenten, allerdings auf andern Chromosomen, liegen der Bildung der $\varkappa$- und λ-Ketten zugrunde; die Variabilität der λ-Kette ist allerdings im Vergleich sehr gering. Die $\varkappa$- und λ-Gensätze enthalten, im Unterschied zu den Gensätzen der H-Ketten, keine D-Segmentgene. Für den Rekombinationsmechanismus ist eine VDJ-Rekombinase verantwortlich; dieses Enzym erkennt diejenigen Stellen der DNA, die das korrekte Zusammenfügen der V-D- und der D-J-Verbindungen gewährleisten. Die dazwischenliegenden DNA-Segmente werden blockiert, womit sichergestellt ist, daß eine einzelne B-Zelle nur einen Satz rekombinierter Gensegmente verwendet, d.h., daß die Antikörperspezifität erhalten bleibt.

wirkt sich in geringen Veränderungen der Aminosäurensequenzen der V-Regionen aus und beeinflußt dadurch die Feinspezifität der gebildeten Antikörper. Am wichtigsten sind diejenigen mutierten Antikörper, welche Antigene stärker binden können, d. h. höhere *Affinität* aufweisen. Diese Eigenschaft erhöht ihre Wirksamkeit in Entfernung und Zerstörung von Antigenen. Die Verfügbarkeit von Antikörpern, die verschiedenen Ig-Klassen angehören und die Beeinflussung der Affinität dieser Antikörper durch Mutation schaffen die besten Voraussetzungen dafür, jedem Antigen auf die passendste und wirkungsvollste Weise begegnen zu können.
Über somatische Mutationen von TCR-Genen wurde bisher nicht berichtet. Die wahrscheinlichste Erklärung dafür ist in der potentiellen Gefahr zu suchen, daß mutierte T-Zellen autoreaktive Eigenschaften aufweisen könnten. Wie man sich erinnert, werden autoreaktive T-Zellen während ihrer Entwicklung eliminiert. Autoreaktive B-Zellen spielen dagegen beim Wegschaffen toter Zellen und anderer Abfallprodukte eine nützliche Rolle, indem sie die Phagozytose fördern; ihre Beteiligung an der Entstehung von Autoimmunkrankheiten ist an die Mithilfe durch T-Lymphozyten gebunden.

Antigen-Antikörper-Bindung
Die variablen Fab-Regionen unterscheiden sich von Antikörper zu Antikörper in ihrer Aminosäurensequenz und ihrer dreidimensionalen Struktur, die natürlich von dieser Sequenz abhängig ist. Ein bestimmter Antikörper bindet ein bestimmtes, komplementär gebautes Antigen. Der spezielle, verhältnismäßig kurze Abschnitt der Fab-Region, der sich an dieser Bindung beteiligt, heißt Bindungsstelle. Der in die Bindungsstelle passende Teil des Antigens ist ebenfalls klein und wird als *Antigendeterminante* oder Epitop bezeichnet. Ein großes Antigenmolekül wie beispielsweise das Hämagglutinin des Influenzavirus (eines der viralen Hüllenproteine) besitzt viele Epitope, von denen jedes größenmäßig einigen Aminosäuren entspricht. Antigene können – wie das genannte Hämagglutinin – viele verschiedene Epitope aufweisen (polyvalent sein) oder dasselbe Epitop in mehrfacher Ausführung besitzen. Antikörper sind in der Regel divalent, da ja die Grundeinheit zwei Fab-Regionen aufweist. Ausnahmen mit höherer Valenz sind IgM (aus fünf Grundeinheiten aufgebaut) und IgA (aus zwei Grundeinheiten bestehend). Durch Vernetzung entstehen bei der Kombination von Antigen und Antikörper makromolekuläre *Immunkomplexe* (Abb. 30).
Die Antigenbindungsstellen befinden sich an den äußersten Enden der Fab-Regionen des Ig-Moleküls. Sie sind eigentlich Teile der Schlingen in den Polypeptidketten, welche die V-Regionen der H-

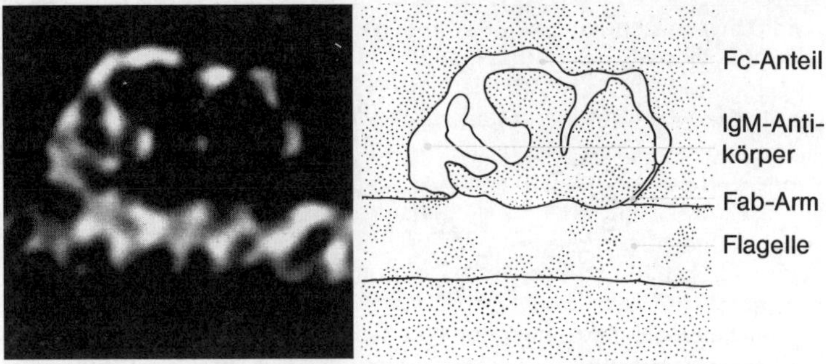

Abb. 30: Elektronenmikroskopisches Bild eines Immunkomplexes. Hier ist ein IgM-Molekül dargestellt, das – an eine Bakterienflagelle angelagert – eine Krabben-ähnliche Form angenommen hat. (Dr. A. Feinstein.)

und L-Ketten enthalten: drei Schlingen jeder Kette lagern sich eng aneinander und bilden auf diese Weise zusammen die Bindungsstelle. Die Schlingen bestehen aus denjenigen Kettenabschnitten, in denen die Aminosäurensequenzen die größte Variabilität aufweisen, und werden daher als hypervariabel bezeichnet. Diese Sequenzen bestimmen, welchen Antigenstrukturen gegenüber sich der Antikörper komplementär verhält,und tragen daher auch die Bezeichnung *«complementarity determining regions» (CDR)* (= Komplementarität-bestimmende Regionen). Die durch die CDR vorgegebene Struktur der Schlingen schafft im Ig-Molekül eine Nische, in die Antigenepitope komplementärer Struktur ganz genau hineinpassen. Die Stärke der Assoziation zwischen Antigen und Antikörper (Affinität) hängt ab von der Verteilung der verschiedenen Aminosäuren mit speziellen Ladungen oder anderen Eigenschaften, die für eine nicht-kovalente Bindung zwischen den beiden Partnern sorgen (Abb. 31).

Antikörper-Idiotypen

Einige B-Zellen bilden physiologischerweise Antikörper, die gegen die Antigenbindungsstelle anderer Antikörper gerichtet sind. Derartige Anti-Antikörper heißen Anti-Idiotyp-Antikörper, und die Struktur des Antikörpers, mit der sie reagieren, wird als dessen *Idiotyp* bezeichnet. Es ist daher möglich, mit Hilfe von Antikörpern spezielle Eigenschaften anderer Immunglobuline – deren Idiotypen – zu identifizieren. Im Grunde genommen ist es eine Frage der Übereinkunft, welche Bindungsstelle als Idiotyp und welche als Anti-Idiotyp bezeichnet wird. Da jedoch Anti-Idiotypen-Antikörper den Idiotyp-tra-

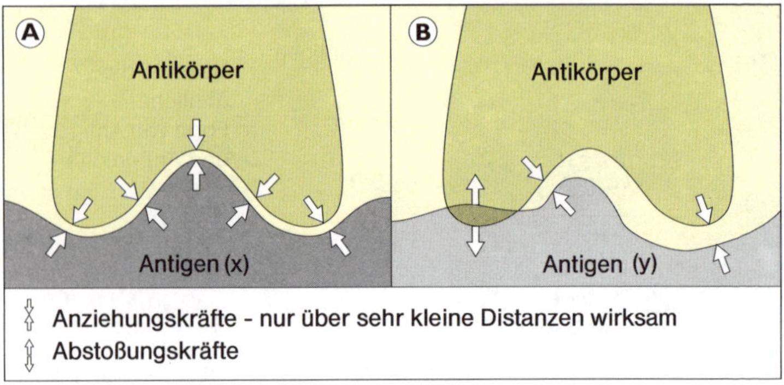

Abb. 31: Antikörperaffinität: Einfluß von Anziehungs- und Abstossungskräften. Die Fähigkeit der Bindung von Antigen und Antikörper hängt zunächst davon ab, wie gut die entsprechenden Formen ineinander passen. In dieser Hinsicht wird die Form durch die Oberflächenelektronen der Moleküle bestimmt. Kommen die beiden Oberflächen in engen Kontakt, wird die Stärke ihrer Bindung zur Funktion der Verteilung interagierender geladener Gruppen. Die Bindungsstärke wird als Affinität bezeichnet: hochaffine Antikörper binden ihr Antigen besser als solche mit niedriger Affinität. Links im Bild (**A**) passen Antigen und Antikörper gut zueinander, was in einer hochaffinen Bindung resultiert. Rechts (**B**) zeigt sich, daß derselbe Antikörper mit einem leicht veränderten Antigen schwächer interagiert – ein Beispiel für eine Bindung niedriger Affinität.

genden Antikörper an der Antigenbindung hindern, wird klar, daß Idiotypen-Interaktionen mit B-Zellrezeptoren in die Regulation der Lymphozytenaktivität eingreifen könnten.

Die Tatsache, daß sich Anti-Idiotyp-Antikörper und Antigen bezüglich der Antigenbindungsstelle eines Antikörpers kompetitiv verhalten (Abb. 32), zeigt, daß Anti-Idiotypen strukturelle Ähnlichkeiten mit dem Antigen aufweisen. Man kann beispielsweise im Tierexperiment durch Immunisierung mit einem Anti-Idiotyp-Antikörper die Produktion von Antikörpern auslösen, welche dieselbe Spezifität aufweisen wie der Antikörper mit dem ursprünglichen Idiotyp. Eine spezifische Antikörperproduktion kann daher auch ohne Beteiligung von Antigen induziert werden. Dies eröffnet die Möglichkeit, Anti-Idiotyp-Antikörper als Impfstoffe zu verwenden, was sich in den Fällen als besonders nützlich erweisen könnte, wo das zu verwendende Antigen entweder toxisch oder schwer zu reinigen ist. Verschiedene Anti-Idiotyp-Impfstoffe sind gegenwärtig in Entwicklung, so zum Beispiel Ersatzpräparate für virale Schutzimpfungen.

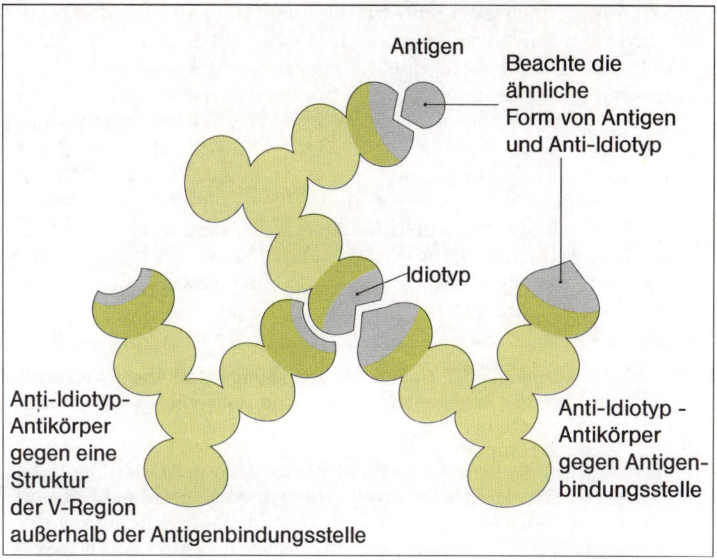

Abb. 32: Idiotyp und Anti-Idiotyp-Antikörper. Das gesamte Antikörperrepertoire einer Person ist sehr groß und in Bezug auf die Spezifität der Antigenbindung sehr mannigfaltig. Manche Antikörper reagieren untereinander über ihre Antigen-bindenden V-Regionen. Man bezeichnet diese Interaktionen als idiotypisch: jeder Antikörper exprimiert seinen Idiotyp, und Antikörper, die mit einem Idiotyp interagieren, werden Anti-Idiotyp-Antikörper genannt. Anti-Idiotyp Antikörper reagieren mit Determinanten der Antigenbindungsstelle selbst oder eng benachbarten Epitopen. Derartige Antikörper entstehen im Verlaufe jeder Immunreaktion und spielen wahrscheinlich eine regulatorische Rolle. Anti-Idiotyp-Antikörper gegen die Antigenbindungsstelle sind in der Form ihrer eigenen Bindungsstelle dem entsprechenden Antigen sehr ähnlich.

Die komplementäre Natur der Idiotyp-Anti-Idiotyp-Paare hat noch weitere interessante Implikationen. So könnten Anti-Idiotyp-Antikörper gegen antihormonelle Antikörper (z.B. Anti-Insulin) an den spezifischen Hormonrezeptor binden und dadurch die Wirkung des Originalhormons nachahmen.

Effektorfunktionen der Antikörper

Die Bindung von Antigen durch Antikörper entspricht in physikochemischer Hinsicht einer nichtkovalenten Bindung, die in mancher

Beziehung mit der Enzym-Stubstrat-Bindung verglichen werden kann. Im Gegensatz zu Enzymen verändern oder schädigen Antikörper jedoch ihr Substrat nicht direkt, hingegen löst die Antigen-Antikörper-Bindung eine Reihe biologischer Vorgänge aus (Abb. 33). Obschon Antikörper bakterielle Toxine direkt neutralisieren, erfordern Zerstörung und Wegschaffung des Antigens die Mitwirkung weiterer Moleküle und Zellen des Immunsystems. Die Beteiligung an Sekundärphänomenen dieser Art wird durch die Fc-Region des Immunglobulins bestimmt. Die verschiedenen Ig-Domänen dienen offensichtlich verschiedenen Funktionen: Die V-Regionen binden Antigene mit immunologischer Spezifität: die C-Regionen gehen – ohne eigentliche immunologische Spezifität zu zeigen – Verbindungen mit anderen Molekülen und Zellen ein, wodurch Vernichtung und Elimination von Antigenen eingeleitet werden.

Fc-Rezeptoren
Die Bindung von Antikörpern an entsprechende Rezeptoren für ihre Fc-Regionen (FcR), die auf verschiedenen Zellen exprimiert sind, ist von großer funktioneller Bedeutung. Eine Auswahl wichtiger FcR sind in Tab. 5 aufgeführt. Daraus wird ersichtlich, daß verschiedene dieser Rezeptoren die Bindung von Immunglobulinen bestimmter Klassen bevorzugen (die Struktur der H-Ketten und damit diejenige der Fc-Region ist von Klasse zu Klasse verschieden). In einigen Fällen setzt die Bindung an den Rezeptor voraus, daß der Antikörper bereits mit dem komplementären Antigen reagierte. Die Fc-Rezeptorbindung ist von integraler Bedeutung für die Phagozytose und den extrazellulären Abtötungsprozeß durch Makrophagen, eosinophile Granulozyten und K-Zellen. Sie spielt auch bei der Aktivierung der Mastzellen und basophilen Granulozyten eine zentrale Rolle, beeinflußt die Plättchenfunktion und ist verantwortlich für den Transport von Immunglobulinen bestimmter Klassen durch die Plazenta (IgG) oder Membranen (IgA).

3.5.5 Monoklonale Antikörper

Jede einzelne B-Zelle bildet ihre individuellen, spezifischen Antikörper. Im Verlaufe einer Immunantwort, sogar gegen ein einfaches Antigen, werden jedoch viele verschiedene B-Lymphozyten aktiviert, von denen jeder seine Individualantikörper bildet. Man kann sich leicht vorstellen, daß es oft wertvoll wäre, über große Mengen eines Antikörpers eines bestimmten B-Zellklons mit genau definierter Spezifität zu verfügen. Dieses Bedürfnis kann mit Hilfe der Technik der künstlichen Zellklonierung befriedigt werden. Die beiden wichti-

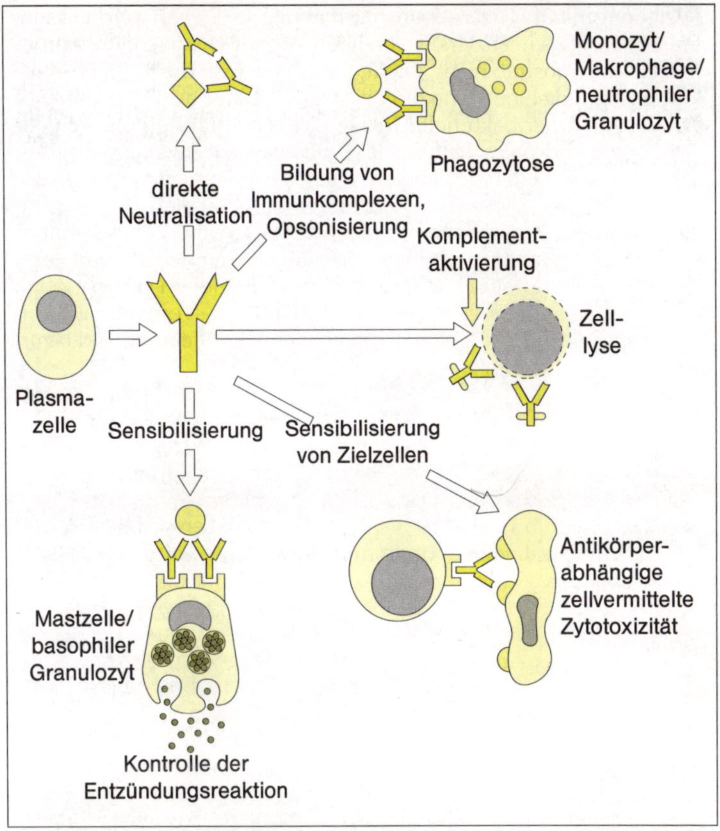

Abb. 33: Die verschiedenen Rollen der Antikörper. Die variablen Anteile des Antikörpers binden das Antigen, und vom Moment der Komplexbildung an kommen Effektorfunktionen ins Spiel. Diese Funktionen sind abhängig von Stellen des konstanten oder Fc-Anteils des Moleküls, die entweder mit verschiedenen Fc-Rezeptoren oder mit Komponenten des Komplementsystems reagieren. Immunglobulinklassen werden durch Eigenschaften der H-Ketten bestimmt, die ihre individuellen Fc-Strukturen aufweisen. Nach der Antigenbindung unterscheiden sich die Funktionen verschiedener Ig-Klassen aufgrund der unterschiedlichen H-Ketten.

Tabelle 5: Fc-Rezeptoren für Immunglobuline
Rezeptoren für Fc-Strukturen der Immunglobuline finden sich auf vielen verschiedenen Effektorzellen. Die Verteilung der Rezeptoren gewährleistet, daß die Aktivität verschiedener Zellen durch verschiedene Immunglobulinklassen gesteuert wird. Nicht alle IgG-Subklassen binden gleich gut an die Fc-Rezeptoren. Nur FcγRII und FcεRI weisen eine genügend hohe Affinität auf, um freie, d.h. nicht mit Antigen komplexierte IgG- bzw. IgE-Antikörper binden zu können.

Rezeptor	Vorkommen	Funktion
FcγRI	Makrophagen	Bindet IgG-Immunkomplexe, ADCC
FcγRII	Makrophagen, Granulozyten	Bindet freie Antikörper, Phagozytose ADCC
FcγRIIIA	NK-Zellen, Makrophagen, Niere, Plazenta	Transport von Antikörpern, ADCC
FcγRIIIB	Neutrophile Granulozyten	Bindet IgG-Immunkomplexe, stimuliert oxidativen «burst»
FcεRI	Mastzellen, basophile Granulozyten	Bindet IgE, vermittelt Freisetzung von Entzündungsmediatoren
FcεRII (verschiedene)	Granulozyten, Makrophagen	Reguliert B-Zellaktivität, bindet IgE für ADCC auf Parasiten
FcαR	Makrophagen, Granulozyten, Lymphozyten, NK-Zellen	Phagozytose von IgA-Immunkomplexen, ADCC
FcμR	Makrophagen, Lymphozyten	Phagozytose von IgM-Immunkomplexen, reguliert Lymphozytenaktivität

gen Prinzipien des Vorgehens, das auf B-Zellen immunisierter Tiere oder Menschen angewandt wird, sind in Abb. 34 dargestellt. Zunächst werden B-Zellen des immunisierten Organismus mit Zellen einer «unsterblichen» Myelomlinie (eine B-Zellneoplasie) durch Fusion hybridisiert. Die entstehenden Hybridzellen weisen zwei wichtige Eigenschaften auf: vom B-Zellpartner besitzen sie die Fähigkeit, spezifische Antikörper zu produzieren, und von der neoplastischen Zelle diejenige, in Zellkultur gezüchtet werden zu können. Der weitere wichtige Schritt besteht in der Auftrennung der hybriden Population in Einzelzellen (Klonierung); dadurch können die Abkömmlinge

von einzelnen Zellen (Klone) isoliert in Kultur genommen werden. Jeder dieser Klone produziert seine eigenen, spezifischen Antikörper, die daher als *monoklonale Antikörper* bezeichnet werden.
Dieses Vorgehen wurde zum ersten Mal von Cesar Milstein und Georges Köhler mit Mauslymphozyten mit Erfolg praktiziert, wofür sie mit dem Nobelpreis ausgezeichnet wurden. Mittlerweile hat sich gezeigt, daß es sich auf Zellen jeder Spezies anwenden läßt. Diese neue Technologie hat die Methoden von Produktion und Verwendung der Antikörper revolutioniert. Monoklonale Antikörper finden breite Anwendung in *Immunoassays* zum Nachweis mehrerer Tausend verschiedener Substanzen, sie werden in vielerlei Reinigungsprozessen eingesetzt und sind Bestandteil zahlreicher Therapieansätze bei Mensch und Tier geworden. Da sich die klonierten *Hybridom*-Zellen kontinuierlich in Kultur propagieren lassen, sind die entsprechenden Klone weltweit austauschbar; auf diese Weise stehen standardisierte Antikörper bei Bedarf praktisch jedermann zur Verfügung. Die Verwendung monoklonaler Antikörper senkt auch den Bedarf an Versuchstieren, die früher in längeren Immunisierungsprotokollen zur Produktion von Antiseren eingesetzt werden mußten.

Konstruktion eines Antikörpermoleküls nach Maß
Kürzlich erzielte Fortschritte eröffnen neue Möglichkeiten zur Verwendung von Antikörpern. Einsetzen oder Verändern von bestimmten Teilen wie der V- oder Fc-Regionen gestatten, die Funktion eines Antikörpers nach Wunsch zu verändern (Abb. 35). Die Erkenntnis, daß variable und konstante Teile des Ig-Moleküls separat von diskreten Gensegmenten kodiert werden, geht auf die Arbeiten des Nobellaureaten des Jahres 1987, Susumu Tonegawa, zurück. Molekularbiologen klonierten in der Folge Antikörper mit verbesserten oder neuen Eigenschaften, indem sie das die V-Region kodierende DNA-Segment eines Antikörpers mit den C-Region-Genen eines anderen, nicht verwandten Immunglobulins kombinierten. Da das Immunsystem von Mäusen und Ratten durch selektive Immunisierung verhältnismäßig leicht zu manipulieren ist, stehen viele monoklonale Antikörper zur Verfügung, die in der klinischen Humanmedizin verwendet werden könnten. Allerdings werden von Nagern stammende Immunglobuline vom Menschen als Fremdproteine erkannt und lösen Immunreaktionen aus. Das Problem kann so umgangen werden, daß isolierte Gene der V-Regionen von Nagerantikörpern mit jenen gekoppelt werden, welche die C-Region eines menschlichen Immunglobulins kodieren.
Die durch diese Genrekombination produzierten *Antikörper-Chimä-*

ren weisen deutliche therapeutische Vorteile auf. Da sie vorwiegend menschlichen Ursprungs sind, ist erstens die Gefahr der Auslösung einer Immunreaktion gering, was sie in ihrer Anwendung beim Pa-

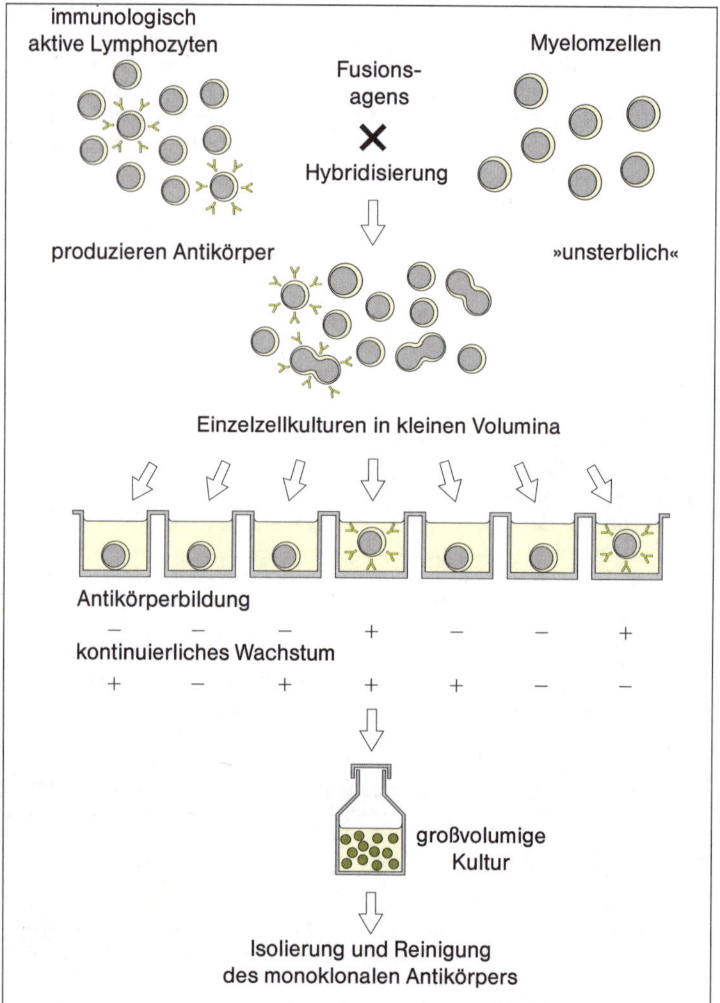

tienten im Vergleich zum Nagerantikörper sicherer macht. Zweitens können je nach Anwendungszweck Gene für C-Regionen so ausgewählt werden, daß der Antikörper die gewünschten Effektorfunktionen erfüllt. So sind beispielsweise lytisch wirkende Antikörper für bestimmte therapeutische Zwecke vorzuziehen; in diesem Falle werden Gene verwendet, welche die Information für C-Regionen komplementfixierender menschlicher IgG1- oder IgG3-Subklassen besitzen. Andere Voraussetzungen gelten für Antikörper, die für die bildgebende Lokalisierung von Neoplasmen, Myokardinfarkten oder Gefäßverschlüssen vorgesehen sind; hier verwendet man die C-Region der schwach zytophilen IgG4-Subklasse, da IgG4 mit den auf vielen Zellen exprimierten Fc-Rezeptoren nur eine schwache Bindung eingeht und das Komplementsystem nicht aktiviert.
Die Verfeinerungen bei der Herstellung von Antikörpern mit gewünschter Spezifität gehen noch weiter. Da Immunglobulinmoleküle verschiedener Tierspezies praktisch dieselbe Struktur aufweisen, können sehr kleine Teile eines Antikörpers auf einen anderen verpflanzt werden. Wenn die Gensequenz eines nützlichen Nagerantikörpers bekannt ist, sind zum Ersatz entsprechender Sequenzen beim Menschen nur die Gen-Abschnitte mit dem Kode für die hypervariablen Schlingen mit der Bindungsspezifität notwendig. Mit dem Einbau dieser Sequenzen können Antikörper so umstrukturiert und umgebaut werden, daß sie im Menschen keine Immunreaktion auslösen. Das entstehende rekombinante Gen kodiert für einen Antikörper, der zwar die Spezifität des Nagerantikörpers aufweist, in Struktur und Wesen jedoch einem menschlichen Immunglobulin entspricht. Diese Technik wurde schon bei der Herstellung von Antikörpern angewandt, die zur Behandlung neoplastischer und infektiöser Prozesse sowie zur Kontrolle von Transplantatabstoßungs- und

Abb. 34: Monoklonale Antikörper. Lymphozyten einer immunisierten Ratte oder Maus (oder menschliche Lymphozyten) werden mit Myelomzellen zusammen einer Substanz mit fusionierender Wirkung (z. B. Polyäthylenglykol) ausgesetzt. Unter genau kontrollierten Bedingungen entstehen hybride Zellen, von denen einige spezifische Antikörper produzieren, und die in Kultur über unbestimmte Zeit überleben. In Einzelzellkulturen werden diese erfolgreichen Hybriden von anderen Zellen abgetrennt; der isolierte Einzelzellklon dient als Ausgangspunkt für das Anlegen größerer, permanenter Kulturen, aus denen monoklonale Antikörper gewonnen werden. In einem typischen Ansatz liefern 10^8 Lymphozyten einige monoklonale Antikörper unterschiedlicher Spezifität, was bedeutet, daß mit dieser Methode nicht alle Antikörper-

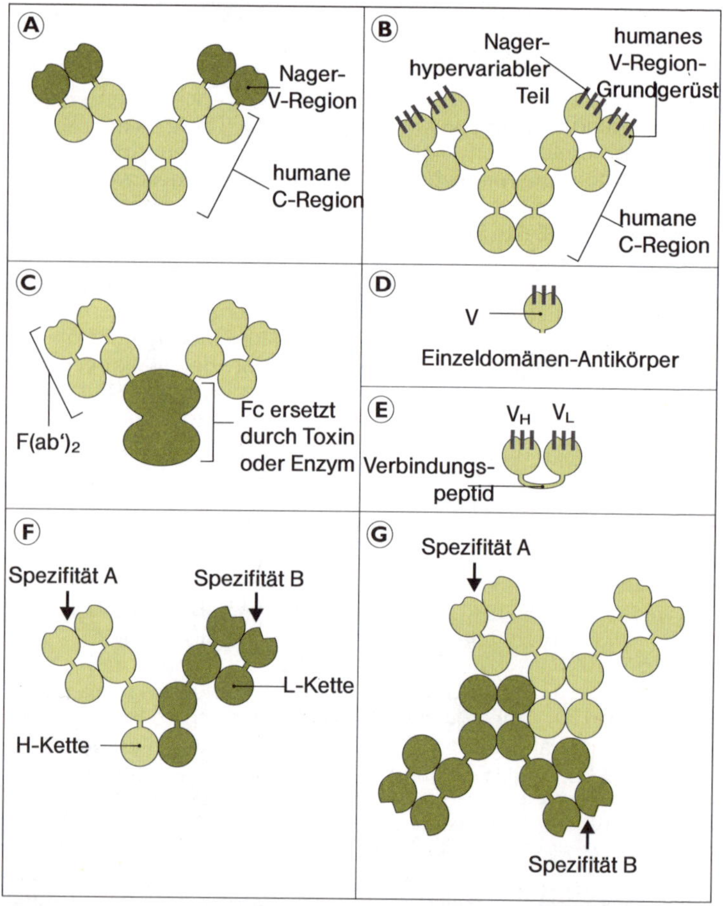

Abb. 35: Gentechnologisch hergestellte monoklonale Antikörper. Manipulation der Gensegmente, die für L- und H-Ketten der Antikörper kodieren, eröffnet die Möglichkeit, Moleküle verschiedener Struktur zu konstruieren. (**A**) Chimären-Antikörper. (**B**) «Humanisierter» Antikörper mit der Spezifität des ursprünglichen Nagerantikörpers. (**C**) Chimären-Molekül, bestehend aus Fab-Fragmenten und einem Toxin/Enzym. (**D**) Peptid, bestehend aus einer einzelnen Antikörperdomäne. (**E**) Einzelketten-Fv-Molekül, bestehend aus den verbundenen V-Domänen einer H- und einer L-Kette. (**F** und **G**) Bispezifische Antikörper.

Autoimmunreaktionen eingesetzt werden. So gelang es bereits, mit derartig «humanisierten» Antikörpern Neoplasien weißer Blutzellen (Lymphome) und Fälle schwerer rheumatoider Arthritis erfolgreich zu behandeln. Humanisierte Antikörper wurden auch gegen Herpes simplex- und «respiratory syncytial»-Virus, HIV sowie bakterielle Toxine entwickelt, deren klinische Anwendung gegenwärtig geprüft wird. Antitoxische Antikörper dieser Art sind besonders wertvoll bei der Behandlung des Schockzustands, der bei einer Infektion mit gramnegativen Bakterien entstehen kann.
Wiederholt wurde darauf hingewiesen, daß die Spezifität eines Antikörpers von der genauen Aminosäurensequenz seiner hypervariablen Schlingen abhängt. Schon kleinste Sequenzänderungen beeinflussen die Spezifität, wie dies ja im Verlauf einer Immunreaktion auch als Folge der physiologischen Mutation der Antikörpergene eintritt. Durch einige dieser Mutationen wird die Antigenaffinität des Antikörpers erhöht, was für dessen biologische Wirksamkeit von größter Wichtigkeit ist. Von einem klonierten Antikörper ausgehend ist es möglich, diesen Prozeß durch gezielte Mutagenese (*«site-directed mutagenesis»*; Abb. 36) zu reproduzieren: die V-Gensequenz kann so verändert werden, daß Antikörper mit höherer Affinität – wertvoll für therapeutische Zwecke – oder geringerer Affinität – zum Einsatz bei bildgebenden oder präparativen Verfahren – produziert werden.

Klonierung des Antikörper-Repertoires
Die Techniken der zielgerichteten Antikörperherstellung waren bis vor kurzem auf die Verfügbarkeit verhältnismäßig großer Mengen an genetischem Ausgangsmaterial, d.h. an antikörperproduzierenden Zellen, angewiesen. Mit der Methode der Polymerase-Kettenreaktion («polymerase chain reaction», PCR) können jedoch viele Kopien eines Gens hergestellt werden, was gestattet, sogar Antikörper-Gene einer Einzelzelle zu isolieren und zu exprimieren. Die PCR-Methode wurde auch, zusammen mit Entwicklungen auf dem Gebiet des Antikörpernachweises und der -expression, dazu verwendet, ganze Bibliotheken von Antikörpergenen aus Lymphozytenpopulationen mit einem weiten Spektrum von Antikörperspezifitäten zu isolieren. Dieses Vorgehen wird als Repertoire-Klonierung bezeichnet und ist in Abb. 37 skizziert. Es gestattet sowohl die rasche Produktion monoklonaler Antikörper mit neuen Spezifitäten als auch die Analyse des Antikörper-Repertoires normaler und kranker Individuen. Der Stellenwert der Repertoire-Klonierung in der Lösung der vielen Probleme, welche bei Entwicklung und Anwendung konventionell hergestellter, menschlicher monoklonaler Antikörper auftreten, wird ge-

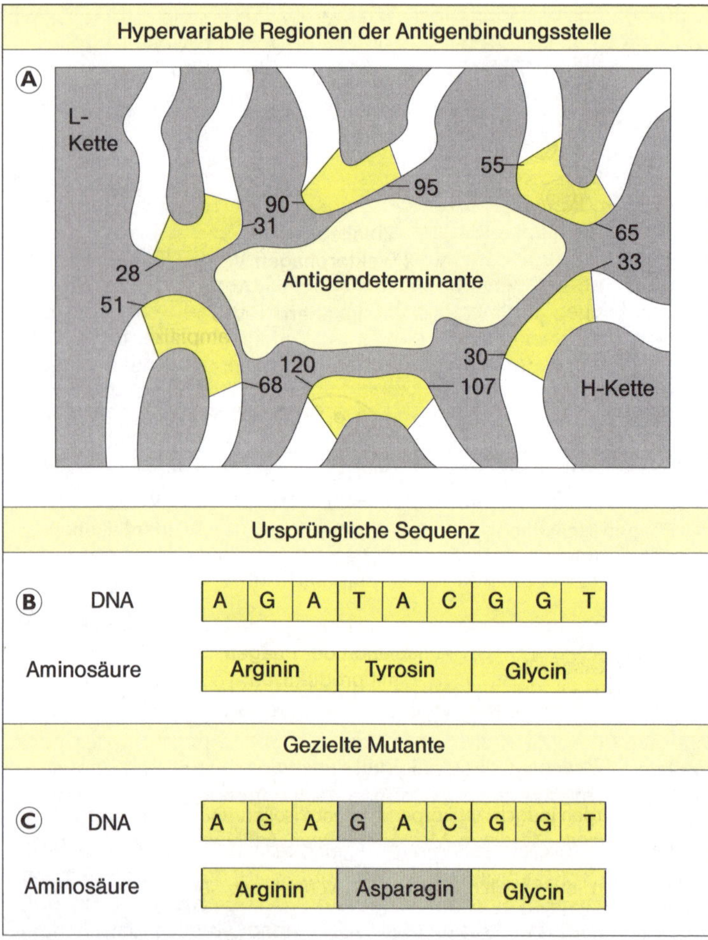

Abb. 36: «Site-directed mutagenesis» zur Änderung der Antikörperaffinität. (**A**) Die sechs hypervariablen CDR-Schleifen (je drei der H- und L-Kette) eines Antikörpers sind an der Antigenbindung beteiligt. (**B**) Die Kenntnis der Gensequenzen der CDR-Schleifen erlaubt die Schaffung einer neuen Nukleotidsequenz, indem das Gen mit einem «Primer» der neuen Sequenz markiert wird. (**C**) Das auf diese Weise mutierte Gen besitzt eine neue Sequenz und kodiert für ein verändertes Peptid, wodurch die Stärke der Antigenbindung (Affinität) beeinflußt wird.

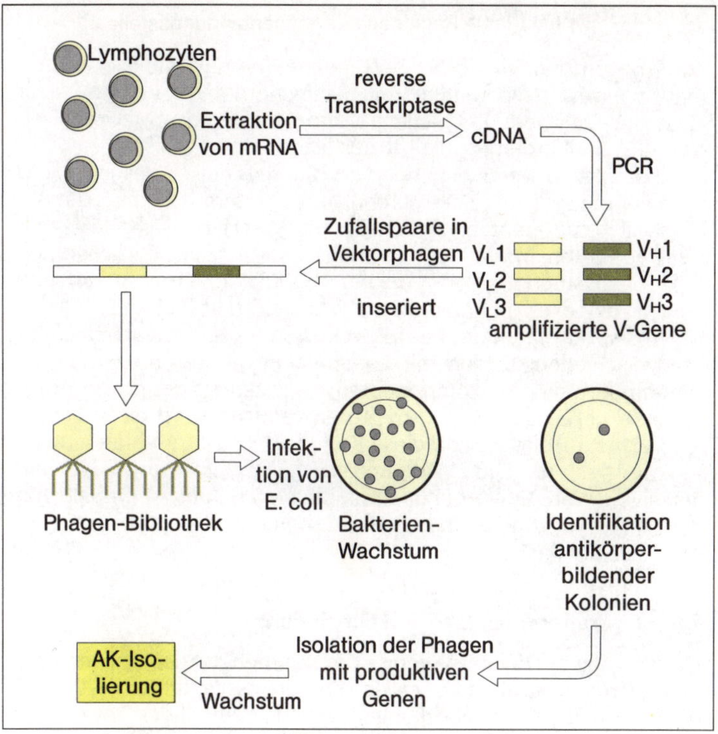

Abb. 37: Klonierung des Antikörper-Repertoires. Das Prinzip entspricht demjenigen der Herstellung monoklonaler Antikörper (*Abbildung 35*). In diesem Fall werden jedoch Antikörperfragmente isoliert und mit *Escherichia coli*-Phagen kloniert. Mit dieser Methode können Antikörper mit einer großen Zahl verschiedener Spezifitäten gewonnen werden: die PCR-Technik liefert viele Kopien individueller V-Gene, und Vermehrung sowie Klonierungseffizienz sind viel höher als die mit Lymphozyten bei konventioneller Hybridomtechnik erzielten.

genwärtig geprüft. Probleme sind unter anderem die beschränkte Verfügbarkeit spezifischer Immunzellen sowie die Instabilität und die geringe Antikörperproduktion menschlicher Hybridzell-Linien.

3.6 Das Komplementsystem

Aus Antigen und Antikörper bestehende Immunkomplexe werden meist von phagozytierenden Zellen aufgenommen und intrazellulär abgebaut. Dies bedeutet häufig das Ende der Fremdsubstanzen, welche die Antikörperproduktion auslösten. Das Schicksal von Immunkomplexen wird weitgehend durch ihre Fähigkeit bestimmt, das Komplementsystem zu aktivieren. Dieses System besteht aus mehr als zwölf Komponenten, die sich in Form einer Enzymkaskade gegenseitig aktivieren. Im Verlauf und als Folge dieser Aktivierung werden Mikroorganismen zerstört, entzündliche Reaktionen ausgelöst und die Phagozytose von Immunkomplexen gefördert (Abb. 38).
Einige der Aktivitäten des Komplementsystems sind davon abhängig, daß verschiedene Zellen mit Komplementrezeptoren (CR) für bestimmte Komplementkomponenten ausgestattet sind. Da phagozytierende Zellen über C3b-Rezeptoren verfügen, wird die Phagozytose von Partikeln, welche diese Komplementkomponente aufweisen, erleichtert. Die Wirksamkeit der Phagozytose, die auf Beteiligung von Antikörper und Komplement beruht, ist deshalb von der Expression von Fc- und C3b-Rezeptoren auf der phagozytierenden Zelle abhängig.

3.6.1 Opsonisierung, Lyse und Entzündung

Der Vorgang der Opsonisierung ist, zusammen mit den übrigen physiologischen Hauptfunktionen des Komplementsystems, in Abb. 38 dargestellt. Die Wechselwirkung zwischen Fc-Anteil des Antikörpers und Komplement führt nicht in allen Fällen auf direktem Weg zur Phagozytose; sie kann auch die Lyse von Zellen bewirken, die Antikörper an ihrer Oberfläche angelagert haben. Diese Art der komplementabhängigen Lyse ist für die Zerstörung gewisser Bakterien wichtig und spielt auch eine Rolle bei Bluttransfusionsreaktionen. Je nach physikalischer Größe der Immunkomplexe vermag Komplement ihren Transport aus dem Blut in Leber oder Milz zu unterstützen, wo sie von ortständigen Makrophagen phagozytiert werden. Typ 1-Komplementrezeptoren (CR1) der Erythrozyten binden Immunkomplexe, und die Komplexe gelangen mit den Erythrozyten zu Makrophagen in Leber, Milz und Knochenmark. Bei Fehlen einer den physiologischen Ansprüchen genügenden Zahl von Komplementrezeptoren können Immunkomplexe nicht vollständig eliminiert werden; im Gewebe abgelagerte, persistierende Komplexe lösen chronische Entzündungsreaktionen aus, so bei Autoimmunkrankheiten und bestimmten rheumatischen Leiden.

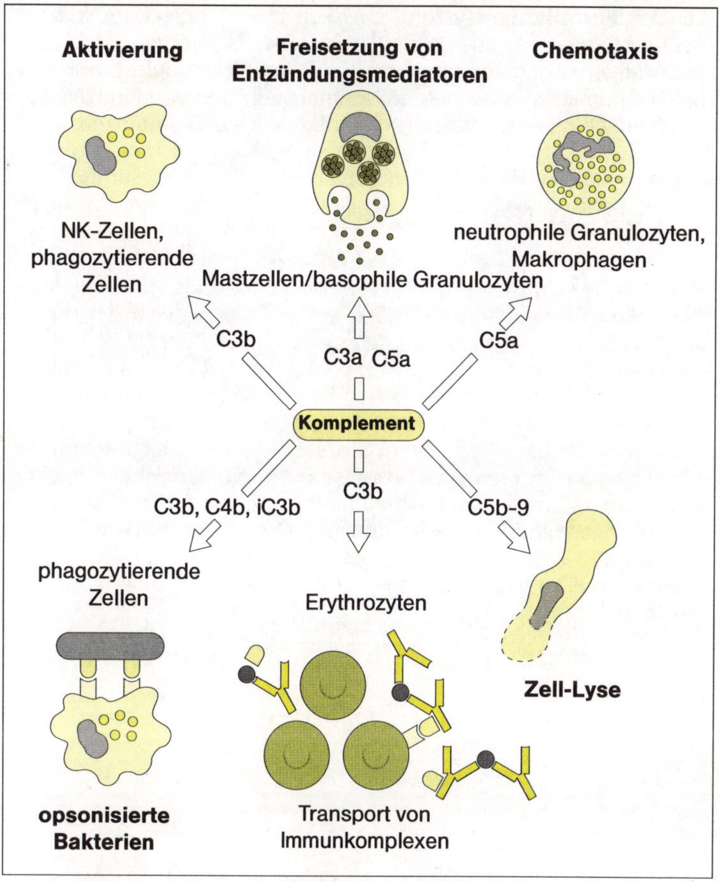

Abb. 38: Die Wirkungen von Komplement. Das Komplementsystem besteht aus mehr als 20 Proteinen in zirkulierendem Blut und Geweben. Einige davon sind Enzyme, die kaskadenartig aktiviert werden: Aktivierung einer Komponente führt durch Spaltung der nächsten Komponente zu deren Aktivierung, und so weiter. Im Zentrum steht die Komponente C3, die entweder durch Antikörper in Immunkomplexen aktiviert wird, oder deren Aktivierung durch gewisse bakterielle Bestandteile über Bindung und Aktivierung weiterer Komplementkomponenten ausgelöst werden kann. Die Abbauprodukte C3b und C3a weisen direkte opsonisierende, chemotaktische und entzündungsauslösende Wirkung auf und sind auch imstande, den lytischen Komplex mit den Komponenten C5-C9 zu aktivieren.

Die Förderung lokaler entzündlicher Reaktionen durch Komplement beruht vor allem darauf, daß im Verlaufe der Aktivierung chemotaktisch aktive Substanzen für neutrophile Granulozyten und Monozyten/Makrophagen sowie Komponenten gebildet werden, die zur Degranulierung von Mastzellen und basophilen Granulozyten führen.

3.6.2 Kontrolle der Komplementaktivierung

Das Komplementsystem verfügt über ein enormes entzündungsauslösendes Potential. Dies bedingt die Verfügbarkeit über verschiedene Kontrollmechanismen, welche die Komplementaktivität einschränken. Zu diesen Mechanismen gehören beispielsweise die Möglichkeit, den katalytischen Abbau von C3 zu unterbrechen, oder Faktoren, die den Zerfall von aktiviertem C3 fördern. Die Bedeutung des Komplements für das fehlerfreie Funktionieren des Immunsystems ist so groß, daß genetische Defekte bestimmter Komplementkomponenten zum Auftreten schwerer Störungen (z. B. chronische Infekte oder Immunkomplexkrankheiten) führen. Werden Immunkomplexe nur in ungenügendem Maße durch Phagozytose aus dem Körper entfernt und lagern sich in Geweben ab, werden entzündliche Reaktionen ausgelöst. Entsprechende Beispiele werden in einem der Folgekapitel besprochen.

Immunreaktionen

Die Abwehrsysteme, im besonderen dasjenige der adaptiven Immunität, schützen den Körper gegen infektiöse Mikroorganismen – Viren, Bakterien, Pilze, Protozoen und Helminthen. Das Zusammenspiel von Zellen und Molekülen im Rahmen der natürlichen, unspezifischen Resistenz, vermag offenbar in den meisten Fällen, Infektionen sehr wirksam zu verhindern. Unser Körper ist zwar ständig dem Kontakt mit Mikroorganismen ausgesetzt, dies führt jedoch nur verhältnismäßig selten zur Entstehung von Krankheiten. Allerdings erwarben gewisse Mikroorganismen im Verlaufe ihrer kontinuierlichen Auseinandersetzung mit dem jeweiligen Wirt die Fähigkeit, auf verschiedenen Wegen der Zerstörung durch den infizierten Wirt zu entgehen und somit Krankheiten auszulösen. Weltweit leiden mehrere hundert Millionen Menschen an Infektionskrankheiten. In den letzten Jahren verschärften sich die damit verbundenen enormen Probleme zusätzlich durch das Auftauchen von Infektionen mit «neuen» Erregern wie demjenigen der Legionärkrankheit oder AIDS, dem Entstehen therapieresistenter Malariaplasmodien, dem Anstieg der Spitalinfekte mit Antibiotika-resistenten Bakterien und von opportunistischen Infektionen bei einer zunehmenden Zahl von Patienten unter immunsuppressiver Therapie. Die weltweite Verbreitung der Infektionskrankheiten wird vom modernen Phänomen der überbordenden internationalen Reisetätigkeit wirksam unterstützt.
Zum Verständnis der Infektionskrankheiten gehört, daß zwischen der eigentlichen Infektion und der damit verbundenen Krankheit unterschieden wird. Der Begriff der Infektion bedeutet an sich nur, daß sich ein Mikroorganismus im Körper festgesetzt hat. Wenn der Keim ohne schädigenden Effekt im Körper bleibt, wird die Infektion als subklinisch und der Wirt als Keimträger bezeichnet. Infektionen werden in der Regel erst diagnostiziert, wenn sie krankhafte Symptome auslösen. Keimträger sind daher für ihre Umgebung potentiell gefährlich, besonders in den Fällen, in denen pathogene Mikroorganismen – wie beispielsweise Typhuserreger – ausgeschieden werden. Eine Infektionskrankheit macht sich bemerkbar, sobald der Mikroorganismus Zellen des Wirtes direkt schädigt oder zerstört, oder wenn die gegen die Infektion gerichtete Immunreaktion selbst zu einer Gewebeschädigung führt.
Die folgenden Abschnitte beschreiben zunächst die verschiedenen

Typen adaptiver Immunreaktionen, die dem Schutz vor Infektionen mit bestimmten Gruppen von Mikroorganismen zugrundeliegen. Anschließend wenden wir uns den Reaktionen zu, die bei Auftreten in übersteigerter oder übertriebener Form den Körper schädigen. Die einleitenden Kapitel haben gezeigt, daß es sich bei der adaptiven Immunantwort um ein außerordentlich komplexes Geschehen handelt. Man denke an die vielen möglichen Wechselwirkungen zwischen beteiligten Zellen und Molekülen sowie an die Tatsache, daß die Reaktion bei Wiederbegegnung mit dem auslösenden Antigen in der Regel in spezifischer Weise beschleunigt und verstärkt abläuft. Die Funktionstüchtigkeit des Immunsystems, und wahrscheinlich auch diejenige der unspezifischen Resistenzmechanismen, nehmen mit zunehmendem Alter ab. Dies läßt vermuten, daß wir nur über einen beschränkten Vorrat an potentiell einsetzbaren Lymphozyten verfügen, und daß dieser Vorrat durch ständigen Verbrauch schwindet. Möglicherweise stehen diese altersbedingten Vorgänge mit Veränderungen im Spektrum der Zytokine, die gebildet werden können, in Zusammenhang.

4. Antibakterielle Immunität

Die Art der gegen Bakterien gerichteten Immunantwort hängt davon ab, ob sich die Mikroorganismen extra- oder intrazellulär vermehren. Der Effekt der Immunreaktion gegen extrazelluläre Keime tritt unter Beteiligung spezifischer Antikörper meist rasch ein. Andererseits können Bakterien, die sich vorwiegend oder ausschließlich im Innern von Zellen aufhalten, lange Zeit überleben; die entsprechenden Immunreaktionen, in der Regel unter maßgeblicher Beteiligung von T-Lymphozyten, setzen langsamer ein und sind nicht immer sehr wirksam. Bakterielle Toxine werden in den meisten Fällen durch Antikörper erfolgreich neutralisiert: das Erfordernis einer rasch einsetzenden Immunantwort ist offensichtlich, geht es doch um die Verhinderung toxischer Gewebeschäden wie z.B. bei der durch *Clostridium welchii* verursachten Gasgangrän.

4.1 Antibakterielle Abtötungsmechanismen

Beim Studium der Mechanismen, über die das Immunsystem zur Zerstörung von Bakterien verfügt, und derjenigen, die Bakterien der Abwehr entgegensetzen, zeigen sich in vielen Fällen Beispiele eines dynamischen Wechselspiels zwischen Erreger und Wirt. So ist der Neutralisationseffekt von Antikörpern nicht für alle Toxine vergleichbar, und bestimmte Bakterienprodukte wirken auf Phagozyten direkt zytotoxisch. Bakterien, die für ihre Vermehrung auf den Eintritt in phagozytierende Zellen angewiesen sind, wird die Aufnahme in die Zelle durch vorhandene Antikörper sogar erleichtert. Mykobakterien, die sich nur mühsam eliminieren lassen und während Jahren in Makrophagen überleben, sind ein Beispiel dafür.
Bekapselte Bakterien oder solche, die aus anderen Gründen nur schwach an Phagozyten haften, sind den Eliminationsprozessen gegenüber besonders resistent. Während beispielsweise zehn kapseltragende Meningokokken eine Maus umbringen, sind für denselben Effekt mehr als zehntausend kapsellose Bakterien notwendig: Meningokokken werden nach enzymatischer Entfernung der Kapsel viel leichter phagozytiert und intrazellulär abgetötet. Staphylokokken dienen als weiteres Beispiel dafür, wie Bakterien einem Angriff durch Immunmechanismen entgehen. Sie produzieren Toxine, die neutrophile Granulozyten schädigen und deren chemotaktisch gerichtete Wanderung in einen Entzündungsherd verhindern.

Opsonisierung. Die Phagozytose ist im Rahmen der protektiven Immunität von großer Bedeutung, da viele Bakterien auf diesem Wege eliminiert werden. Abb. 14 zeigt, daß die Rate, mit der Bakterien mittels Phagozytose aus dem Blut entfernt werden (Clearance), in Anwesenheit spezifischer Antikörpern stark erhöht ist. Ist zusätzlich Komplement im Spiel, wird die Clearance noch wirkungsvoller. Verschiedene Mikroorganismen werden durch Komplement-vermittelte Lyse direkt zerstört; dabei wird die Aktivierung des lytischen Vorgangs durch an die Oberfläche der Bakterien gebundene Antikörper ausgelöst.

In ähnlicher Weise reagieren an die Bakterienwand gebundene Komplementkomponenten mit Komplementrezeptoren auf verschiedenen Zellen, was die Phagozytose der Keime erleichtert. Die Bedeutung des Komplementsystems zeigt sich auch bei Patienten mit genetisch fixierten Komplementdefekten. Einige unter ihnen leiden an persistierenden bakteriellen Infekten, die zum Tode führen können. Als Reaktion auf einen Infekt gebildete spezifische Antikörper, welche sich an die Oberfläche der Mikroorganismen anlagern, fördern jedoch nicht nur die Phagozytose der Bakterien, sondern steigern auch deren Empfindlichkeit gegenüber dem Angriff zytotoxischer Zellen. Die Hauptfunktionen der Antikörper im Rahmen der antibakteriellen Immunität sind in Abb. 33 dargestellt. Nicht alle Bakterien sind gegenüber der Wirkung des Komplements gleichermaßen empfindlich. Einige besitzen Zellwände, die gegen Lyse sehr resistent sind, während andere den Prozeß der Komplementaktivierung hemmen oder die Abbaurate von Komplementkomponenten erhöhen.

4.2 Das sekretorische Immunsystem

Eintrittspforte vieler Bakterien (und auch von Viren) sind die Schleimhäute. Neben den mit diesem Membransystem verbundenen und bereits erwähnten Mechanismen der natürlichen Resistenz, spielen auch Antikörper der Klasse IgA eine spezielle Rolle. Diese Antikörper binden sich an Bakterien und verhindern deren Anhaften an die Epithelien, womit ein Eindringen in den Körper verhindert und die Keimvermehrung gebremst wird. Von bestimmten Bakterien sezernierte Toxine werden durch spezifische IgA-Antikörper neutralisiert und so an der Absorption im Darm gehindert.

IgA-Antikörper vermitteln diese Schutzfunktion in Tränenflüssigkeit, Speichel sowie in Sekreten des Bronchial- und Darmtrakts. Bei Durchbrechen der Schleimhautbarrieren bilden an Mastzellen gebundene IgE-Antikörper eine zweite Abwehrlinie. Von infektiösen

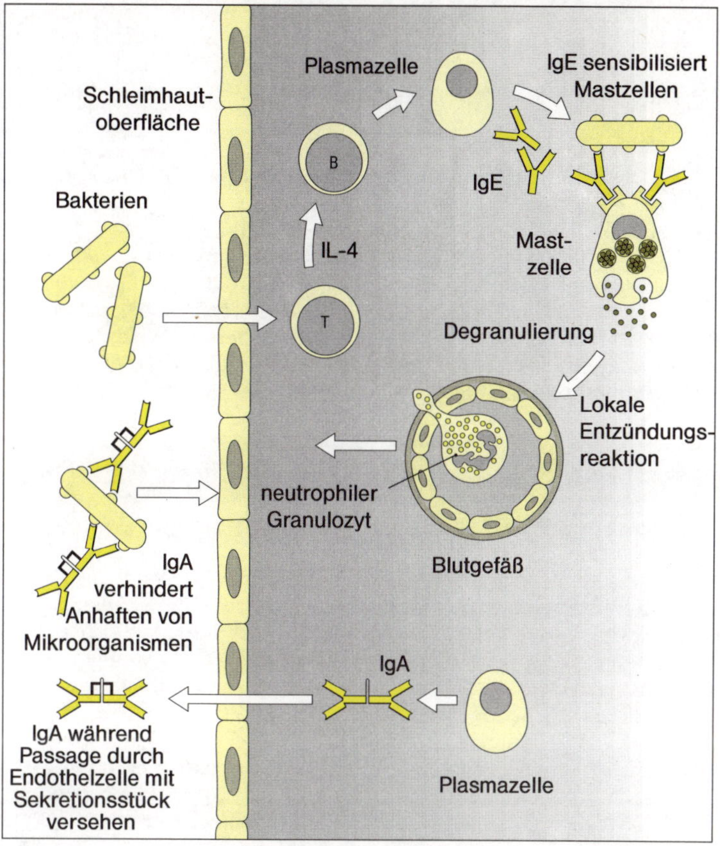

Abb. 39: Infektionsschutz an Schleimhautoberflächen. Ungefähr die Hälfte unserer Lymphozyten stehen in Beziehung zu den Schleimhäuten von Darm, Lunge und weiteren Systemen. Obschon Schleimhautlymphozyten auch in andere Gewebe auswandern, besteht ihre Hauptfunktion in der Bildung von IgA- und IgE-Antikörpern unter Mithilfe von Mukosa-assoziierten T-Zellen, die IL-4 produzieren. Diese Antikörper teilen sich in die Aufgaben, (1) das Anhaften von Mikroorganismen an die Epithelzellen zu verhindern (IgA), und (2) über die Degranulierung von Mastzellen und basophilen Granulozyten lokale entzündliche Reaktionen auszulösen, wenn Antigene durch die Schleimhaut eindringen (IgE) – dadurch wird die weitere Verbreitung des Antigens verhindert. Die IgE-vermittelte Immunität spielt in der Abwehr gewisser Parasiten sowie bei Allergien wie Heufieber und Asthma eine wichtige Rolle.

Mikroorganismus ausgelöst werden Histamin und andere gefäßaktive Substanzen freigesetzt; durch den verstärkten Einstrom von Zellen, Antikörper und Komplement in den Infektionsherd wird die lokale entzündliche Reaktion verstärkt (Abb. 39).

4.3 Die Rolle von T-Zellen in der antibakteriellen Immunität

Gewisse Bakterien, so z. B. der Erreger der Tuberkulose (*Mycobacterium tuberculosis*), können nach erfolgter Phagozytose in Makrophagen überleben und sich vermehren. Diese Mikroorganismen entgehen den intrazellulären Abtötungsmechanismen, da sie dem Angriff von Enzymen und reaktiven Sauerstoffradikalen widerstehen, und indem sie die Fusion von Lysosomen und Phagosomen im Makrophagen verhindern. Makrophagen gelingt das Abtöten von Mykobakterien nur, wenn sie durch Einwirkung von Zytokinen, die aus $CD4^+$ T-Lymphozyten stammen, aktiviert werden. Infizierte Makrophagen exprimieren zudem an ihrer Oberfläche mykobakterielle Antigene, was sie einer zytolytischen Attacke durch T-Zellen aussetzt.
Dennoch erwerben offensichtlich viele diesem Infektionserreger ausgesetzte Leute eine spezifische Immunität. Dies zeigt sich in der Resistenz gegenüber einer Infektion (oder Reinfektion) sowie im positiven Hauttest mit einem Antigenextrakt (Tuberkulin). Hautteste von der Art des Tuberkulintests finden weite Anwendung bei der Identifizierung von Personen, die gegen die Infektion mit bestimmten Mikroorganismen spezifisch geschützt sind. Der Schlüssel zu dieser Form der protektiven Immunität ist die T-Zellaktivierung. Im Tierversuch ist die Immunität gegen Mykobakterien mit T-Lymphozyten, jedoch nicht mit B-Zellen oder Antikörpern, von einem immunen auf ein nichtimmunes Individuum übertragbar. Genetisch determinierte oder erworbene T-Zelldefekte (z. B. AIDS) bewirken bei Mensch und Tier eine erhöhte Empfänglichkeit gegenüber Infektionen mit intrazellulären Erregern (z. B. Mykobakterien oder Pilze).
Die Aktivierung von T-Zellen löst die Bildung eines weiten Spektrums löslicher Substanzen, Entzündungsmediatoren sowie Zytokinen aus. Wahrscheinlich ist die spezifische Erkennung des Infektionserregers auf eine einzige Zelle unter 10^4 oder sogar 10^5 T-Lymphozyten beschränkt. Diese wenigen Lymphozyten wären kaum imstande, vor einer Infektion zu schützen. An dieser Stelle kommt ein lokaler, durch Zytokine vermittelter Verstärkereffekt ins Spiel, unter dessen Einfluß die Zellteilung gesteigert, Makrophagen aktiviert (besonders wichtig bei Mykobakterien) und weitere Zellen auf unspezifische Art (*Chemotaxis*) an den Ort des Geschehens gebracht werden. Bei die-

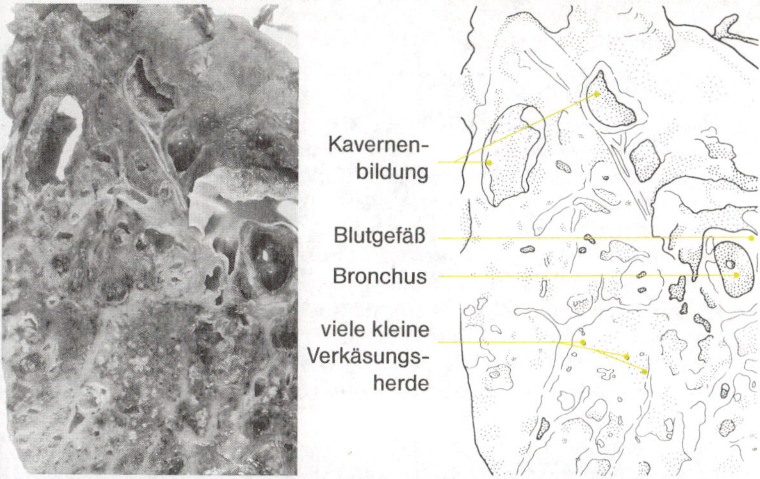

Abb. 40: Tuberkulose. Die abgebildete Lunge zeigt Gewebeschäden, die auf einer Infektion mit *Mycobacterium tuberculosis* beruhen. Bakterien überleben und vermehren sich in Makrophagen, was eine Immunantwort auslöst, die zu Granulom- und Kavernenbildung sowie Fibrosierung führt. Vor der Verfügbarkeit spezifischer Therapieformen waren derartige Lungenveränderungen häufig. (Abbildung von Prof. Neville Woolf.)

ser Infektionsart können auch $CD4^+$ T-Zellen zytotoxische Aktivität entfalten – eine Funktion, die gewöhnlich den $CD8^+$ T-Zellen zugeschrieben wird. Tuberkuloseerreger widerstehen jedoch zum Teil allen diesen immunologischen Abwehrmechanismen und vermehren sich in entzündlichen Granulomen, die sich allmählich bilden; dies führt zu den schweren Veränderungen, die in Abb. 40 dargestellt sind.

Unter Berücksichtigung des bisher Gesagten wird klar, daß durch Auslösen einer spezifischen Immunantwort, z. B. gegen *M. tuberculosis*, die verschiedenen Amplifikationsmechanismen auch (unspezifischen) Schutz vor Infektion mit anderen intrazellulären Erregern, z. B. Listerien, bieten.

5 Antivirale Immunität

Viren sind in jeder Beziehung auf die Zellen des Wirtorganismus angewiesen. Da sie sich nur intrazellulär vermehren, sind zu ihrer Elimination spezielle Immunmechanismen notwendig. Makrophagen, die Viren auf unspezifische Weise aufnehmen, können zugrundegehen, wenn ihnen die Vernichtung der Erreger nicht gelingt. Dieser Effekt, dem manchmal auch der Wirt zum Opfer fällt, geht auf die direkt gewebeschädigende Wirkung (zytopathogener Effekt) zurück, die gewissen Viren eigen ist. Antikörper können unter normalen Umständen nicht in eine intakte Zelle eindringen und bieten daher nur Schutz gegen Viren, die sich (für kurze Zeit) extrazellulär aufhalten. Aus diesen Gründen sind zwei Arten der antiviralen Immunreaktion nötig: erstens eine Antikörperreaktion, welche die Viren im extrazellulären Raum und im zirkulierenden Blut neutralisiert, und zweitens eine T-Zellantwort, die intrazelluläre Viren trifft; diese beiden Reaktionen sind in Abb. 41 zusammengefaßt. Doch bevor wir diese antiviralen Immunmechanismen näher betrachten, lohnt sich ein Blick auf das sonderbare Verhalten des Influenzavirus, welches für immer wieder auftretende Grippeepidemien verantwortlich ist. Damit wird nämlich die Schwierigkeit veranschaulicht, in der Bevölkerung eine wirkungsvolle Immunität gegen gewisse Viren aufzubauen.

5.1 «Shift» und «Drift» der Antigene des Influenzavirus

Ein Influenza-Impfstoff, der heute wirksam ist und wahrscheinlich aus einem Virusstamm der letztjährigen Epidemie hergestellt wurde, kann sich im nächsten Jahr als wirkungslos erweisen. Der Grund dafür ist, daß sich das Antigenmuster des Influenzavirus ändert, und daß daher die Immunantwort gegen Antigene des letztjährigen Virus für neuentstandene nicht spezifisch ist.
Diese Änderungen im Antigenmuster sind typisch für Influenza- und viele anderen Viren; sie werden als Antigen-«shift» und -«drift» bezeichnet. Die Viren haften mit ihren als Antigene wirkenden Hämagglutininmolekülen an der Wirtzelle. Bei geringer Änderung dieser Antigene («drift») unterscheiden sich ihre Epitope so wenig von denjenigen früherer Viren, daß der Erkennungsprozeß durch vorhandene Gedächtniszellen noch funktioniert. Bei weitreichenden Änderungen («shift») wird die protektive Immunität unwirksam. Erkältungserreger

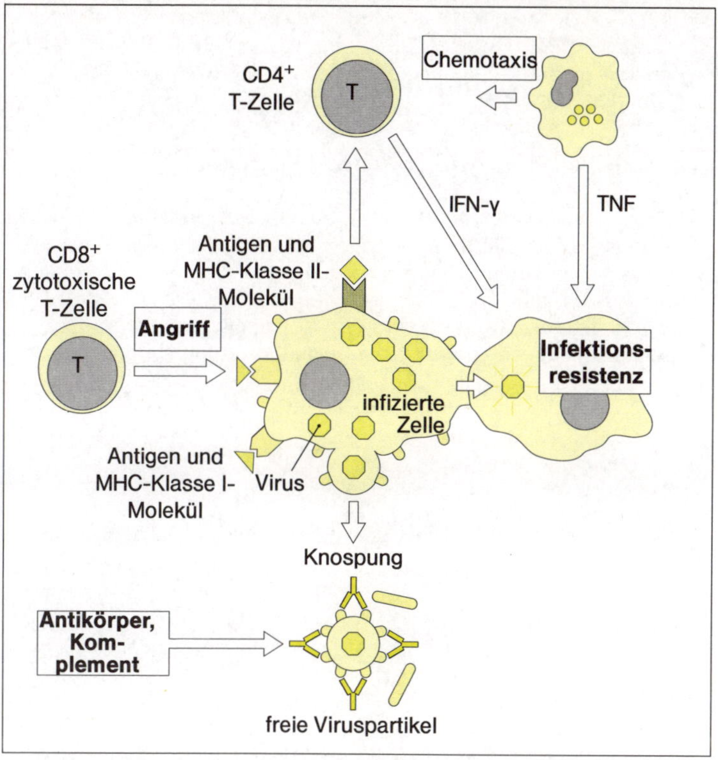

Abb. 41: Protektive antivirale Immunmechanismen. Viren sind für ihr Überleben unter allen Umständen darauf angewiesen, Zellen zu infizieren und sich intrazellulär zu vermehren. In den meisten Fällen exprimieren virusinfizierte Zellen mit MHC-Klasse I-Molekülen assoziierte virale Antigene in ihrer Zellmembran; CD8-positive T-Lymphozyten erkennen diese Antigene und lysieren die Zelle. Zudem reagieren CD4-positive T-Zellen mit viralen Antigenen, die mit MHC-Klasse II-Molekülen assoziiert sind; diese T-Zellen sowie Makrophagen setzen Zytokine frei, welche die Resistenz benachbarter Gewebezellen gegen einen Virusbefall erhöhen. Von infizierten Zellen freigesetzte Viren können sich mit antiviralen Antikörpern beladen; dies führt entweder über die Aktivierung des Komplementsystems zur Lyse der Viruspartikel oder zur gesteigerten Phagozytose der freien Viren.

(Rhinoviren) bedienen sich zur Umgehung schützender Immunreaktionen einer ähnlichen Technik; zum Teil deshalb gelingt es nicht, einen Impfschutz gegen banale Erkältungen zu erzielen.

5.2 Antivirale Schutzwirkung von Antikörpern

Sehr wahrscheinlich helfen lokal sezernierte IgA-Antikörper in Nase und Lunge mit im Schutz gegen viele Virusinfektionen. Die Wirksamkeit dieser Antikörper ist aber wegen der Antigenveränderungen («shift») der Viren eingeschränkt. Antikörper der Klassen IgG und IgM, die als Reaktion auf Virusinfekte ebenfalls gebildet werden und im Blut zirkulieren sowie in der Gewebeflüssigkeit vorhanden sind, bilden Teil der antiviralen Schutzmechanismen. Antikörper blockieren Viren, indem sie ihren Eintritt in Zellen und damit ihre Vermehrung verhindern, oder sie zerstören freie Viruspartikel durch Aktivierung des Komplementsystems.

Interessanterweise ist der antikörpervermittelte Schutzeffekt umso besser, je weiter Eintrittspforte des Virus und seine Zielzellen auseinanderliegen. Das Poliovirus legt beispielsweise einen weiten Weg zurück, um vom Darm bis zu den Zellen des Zentralnervensystem zu gelangen. Da Viren jedoch in der Regel sehr rasch in Zellen eindringen und sich dort vermehren, kommt die primäre Antikörperantwort meistens zu spät, um die Erstinfektion mit einem bestimmten Virus zu verhindern. Daraus wird ersichtlich, daß spezifische antivirale Antikörper bei einer Zweitinfektion viel wirksamer sind als bei der ersten Begegnung. Vom Moment des Eintritts eines Virus in eine Zelle, ist die durch T-Zellen vermittelte Immunität für die Beendigung der Infektion entscheidend.

5.3 T-Zellreaktionen gegen intrazelluläre Viren

Viele Viren bringen die infizierte Zelle dazu, virale Antigene in ihrer Zellmembran zu exprimieren. Diese Antigene werden von $CD8^+$ zytotoxischen T-Lymphozyten erkannt, und die infizierte Zelle wird zerstört. Der Zell- oder Gewebeschaden ist der Preis, der für die Elimination des Produktionsortes von Viren bezahlt werden muß. Inkomplette Viruspartikel aus der lysierten Zelle sind nicht infektiös; komplette Viren setzen sich im extrazellulären Milieu der neutralisierenden und lysierenden Wirkung von Antikörpern und Komplement aus.

Die Bedeutung der antiviralen T-Zellimmunität zeigt sich vor allem darin, daß Kinder, die an einem T-Zelldefekt leiden, mit einem Virusinfekt nicht fertig werden, während solche mit einem Immunglobulinmangel in dieser Beziehung keine Schwierigkeiten haben. Diese vereinfachende Feststellung gilt zwar nicht für alle Virusinfekte, ist aber für eine Gruppe von Viren – Herpes-, Pocken- und Masernviren – zutreffend. Einer der Großerfolge der Medizin ist sicher die Ausrottung der Pocken durch die konsequente und weltweite Impfung der Bevölkerung mit einem wirksamen Impfstoff. Maßgeblich zu diesem Erfolg beigetragen hat die Tatsache, daß das Pockenvirus ein verhältnismäßig stabiles Antigenmuster mit wenig «drift» aufweist, was den Einsatz einer Universalvakzine ermöglichte.
Auch $CD4^+$ T-Helferzellen erkennen virale Antigene auf der Oberfläche infizierter Zellen. Als Folge des Erkennungsprozesses setzen sie chemotaktische Substanzen und Zytokine (u.a. IFN-γ und TNF) frei, die andere Zellen aktivieren und ihnen auf diese Weise Resistenz gegen die Virusinfektion verleihen. Das Überstehen einer Viruskrankheit hinterläßt T-Zellen mit zytotoxischer Aktivität gegen virusinfizierte Zellen, spezifische antivirale Antikörper und eine lang anhaltende Immunität.

5.4 «Human immunodeficiency virus» (HIV) und AIDS

Das humane Immunschwäche-Virus weist Besonderheiten auf, die dem Immunsystem bei der Kontrolle der Infektion und der Viruselimination Schwierigkeiten bereiten. Zum ersten sind Immunzellen selbst von der Infektion mit HIV betroffen und zum anderen entzieht sich das Virus der Kontrolle durch das Immunsystem, indem es als Provirus in der DNA der Wirtszellen persistiert ein Verhalten, das für Angehörige der Gruppe der Retroviren typisch ist.
Jedes Viruspartikel besteht aus einem kegelförmigen Nukleokapsid, das von einer Hülle umgeben ist. In die Hülle inseriert sind Glykoproteine, von denen eines – das Glykoprotein gp120 – als Ligand für die Bindung mit menschlichen Zellen dient. Rezeptor ist das CD4-Molekül, was bedeutet, daß $CD4^+$ T-Lymphozyten sowie Monozyten/Makrophagen bevorzugte Zielzellen darstellen, da sie dieses Molekül an ihrer Oberfläche exprimieren. Neuere Untersuchungen zeigen, daß für das Eindringen der Viren in die Wirtzelle nicht nur CD4-Moleküle sondern noch Korezeptoren, die zur Familie der 7tm-Proteine («tm» = transmembran) gehören, gebunden werden müssen. Zu diesen Korezeptoren gehören u.a. Rezeptoren für β-adrenerge Neuropeptidtransmitter sowie einige Chemokine. Das erworbene Im-

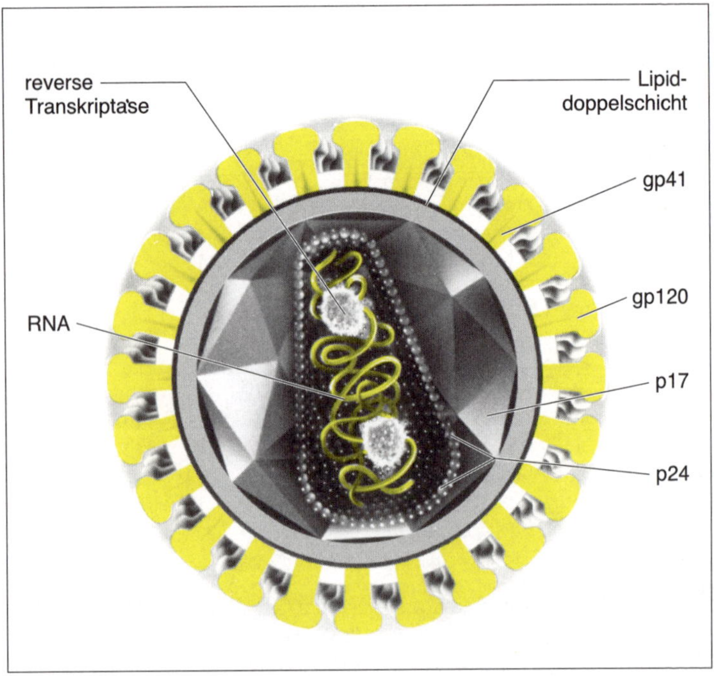

Abb. 42: Humanes Immundefekt-Virus (HIV). HIV gehört zur Gruppe der Retroviren und ist der Erreger von AIDS. Das Nukleokapsid des Virus besteht aus zwei einsträngigen RNA-Molekülen, den basischen Proteinen p7 und p9 sowie der reversen Transkriptase und wird von p24- und p6-Proteinen umschlossen. In der Lipidhülle erscheinen die beiden Glykoproteine gp 120 und Dimere von gp41 als sogenannte «spikes» («Stacheln»). Glykoprotein gp120 bindet als ein hochaffiner Ligand an CD4-Moleküle an den Oberflächen verschiedener Zelltypen (z.B. Monozyten/Makrophagen). Die Virushülle ist auf ihrer Innenseite mit dem Protein p17 ausgekleidet. In der infizierten Wirtszelle wird zunächst mit Hilfe der reversen Transkriptase die virale RNA in eine einzelsträngige DNA umkopiert. Die anschließenden Schritte – Abbau der viralen RNA und Synthese des komplementären DNA-Stranges – stehen ebenfalls unter Kontrolle der reversen Transkriptase. Das Provirus wird als doppelsträngige DNA in das Genom der Wirtszelle integriert, wo es so lange inaktiv bleibt (latente Infektion), bis durch Aktivierung die Virusproduktion in Gang gesetzt wird.

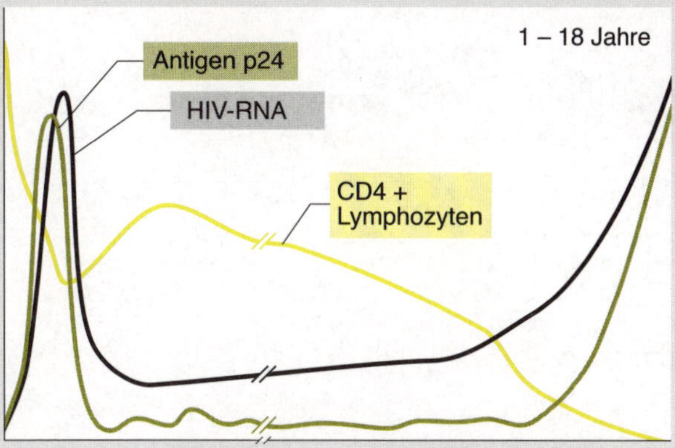

	I	II	III	IV
Phasen	akute Infektion	asymptomatische Phase	symptomatische Phase, ARC/AIDS-related complex)	AIDS
Symptome (Erkrankung)	gelegentlich Lymphknoten-schwellung	gelegentlich generalisierte, persistierende Lymphknoten-schwellung	unspezifische Symptome, Hautveränderungen, bakterielle Infektionen	lebensbedrohliche opportunistische Infektionen, Tumoren

Abb. 43: Schematische Darstellung des Verlaufs der HIV-Infektion und der Entstehung von AIDS. Beim Verlauf der HIV-Infektion unterscheidet man vier Phasen: Die akute Krankheitsphase **(I)** spielt sich in einem Zeitraum von 2–3 Monaten nach Infektion ab. Die Infizierten leiden an grippeähnlichen Symptomen und vorübergehenden Lymphknotenschwellungen. Während diesem Stadium lassen sich im Blut p24-Proteine und virale RNA nachweisen. Darauf folgt eine asymptomatische Phase **(II)**, deren Dauer zwischen 1 bis16 Jahren variiert. Obschon eigentliche Symptome fehlen, weisen die meisten Patienten generalisierte, hartnäckige Lymphknotenvergrößerungen auf. Die Zahl der $CD4^+$ Blutlymphozyten schwankt, nimmt aber stetig ab. Die nächste Phase **(III)** wird auch als «AIDS-related complex» (ARC) bezeichnet und ist von wechselnder Dauer. Klinisch wird ARC durch das Auftreten unspezifischer Symptome, von Haut- und Lymphknotenveränderungen sowie gehäufter bakterieller Infekte gekennzeichnet. Im Blut sind virale Antigene auch ohne Einsatz der PCR nachweisbar. Endstadium der HIV-Infektion ist das Vollbild von AIDS **(IV)**, am Ende mit nicht mehr kontrollierbaren opportunistischen Infektionskrankheiten sowie verschiedenen neoplastischen Erkrankungen (z.B. Kaposi Sarkom).

mundefektsyndrom (AIDS) ist eine Infektionskrankheit, bei der das Zeitintervall zwischen Ansteckung und Krankheitsausbruch im Durchschnitt 8 bis 10 Jahre beträgt. Während dieser langen Zeit werden mehrere Krankheitsstadien durchlaufen. Ungefähr zwei Wochen nach der Infektion können grippeähnliche Symptome auftreten, manchmal begleitet von Lymphknotenvergrößerung sowie Haut- und Schleimhautveränderungen im Mund- und Genitalbereich. Diese Krankheitserscheinungen, die oft vom Patienten nicht registriert werden, verschwinden nach kurzer Zeit. Antikörper gegen die Hauptglykoproteine werden in der Regel zwischen drei Wochen und drei Monaten nach der Ansteckung nachweisbar, was als Serokonversion bezeichnet wird. Der Patient bleibt danach während eines Zeitraumes von 1–14 Jahren asymptomatisch, obschon die Menge an HIV-RNA im Blut ansteigt und die Zahl $CD4^+$ T-Lymphozyten mit einigen Schwankungen abnimmt. Der Verlust an $CD4^+$ Zellen ist größer als derjenige an $CD8^+$ Lymphozyten. Aus diesem Grund dient das CD4:CD8-Verhältnis sowie die absolute Zahl der $CD4^+$ Zellen als klinisches Maß für den Krankheitsverlauf. Folge des T-Zellverlusts ist die progressive Schwächung der Immunabwehr. Zunächst sind jene Funktionen betroffen, die direkt von $CD4^+$ Lymphozyten abhängig sind, vor allem die durch Antigenerkennung ausgelöste Zytokinproduktion. Da die Anzahl der produktiv mit HIV infizierten Zellen sehr klein ist, müssen zusätzliche, indirekte Mechanismen ebenfalls für die starke Verminderung der Zahl $CD4^+$ Zellen verantwortlich sein wie z.B. Einwirkung antiviraler zytotoxischer $CD8^+$ Lymphozyten, aus unklaren Gründen gebildete Autoantikörper oder Auslösung des programmierten Zelltodes (Apoptose) auf unbekanntem Weg. Klinisch ist dieses Stadium gekennzeichnet durch generalisierte hartnäckige Lymphknotenschwellungen. Im Endstadium sinkt der $CD4^+$ Zellspiegel im Blut auf kaum meßbare Werte, und es kommt – unter dem klinischen Vollbild von AIDS – zu lebensbedrohlichen opportunistischen Infekten (*Pneumocystis carinii*-Pneumonie, Kryptokokkose, zerebrale Toxoplasmose) und Auftreten von Neoplasmen (Kaposi Sarkom, maligne Lymphome), begleitet von persistierender Diarrhoe und stetigem Gewichtsverlust.

Die Übertragung von HIV erfolgt in Form freier Viren oder infizierter Zellen bei ungeschütztem homo- oder heterosexuellem Geschlechtsverkehr oder durch Blut und Blutprodukte. Insektenstiche oder Sozialkontakte wie Händeschütteln führen nicht zur Ansteckung. Die Effizienz der Übertragung durch Blut (Injektionsnadeln, Transfusion) ist abhängig von der Zahl der Viruspartikel, d.h. indirekt vom Blutvolumen, und vom Immunstatus des Empfängers. Die Infektionsrate ist besonders hoch bei gemeinsamer Nadelbenutzung durch Drogenabhängige. Häufig findet auch eine Virusübertragung von der Mutter auf das Kind statt: Ungefähr 20% der infizierten Frauen bringen HIV-positive Kinder zur Welt. Bei intrauteriner Infektion erkrankt das Neugeborene kurz nach der Geburt und überlebt wenige

Jahre; bei perinatal infizierten Kindern kommt AIDS sehr verzögert oder überhaupt nicht zum Ausbruch, obschon HIV nachweisbar ist. Die HIV-Infektion und AIDS sind heute (noch) nicht heilbar. Mit den gegenwärtig verfügbaren Behandlungsmethoden wird der Krankheitsverlauf verzögert. Als erfolgreich erwiesen sich eine möglichst früh nach Infektion einsetzende Kombinationstherapie: Basenanaloge (AZT, Azidothymidin; DDC, Dideoxycytidin) hemmen die reverse Transkriptase und Proteasehemmer verhindern den korrekten Zusammenbau der Viruspartikel. Nachteile dieser nicht nur teuren, sondern mit vielen Nebenwirkungen verbundenen Therapieform sind a) die unvollständige Elimination des Virus und b) das Auftreten therapieresistenter HIV-Mutanten nach Absetzen der Medikamente. Langfristig setzt man große Hoffnung in die Impfstoffentwicklung, was wegen der starken Variabilität der HIV-Isolate mit großen Schwierigkeiten verbunden ist. Durch die hohe Mutationsrate des HIV entstehen dauernd neue Antigen-Subtypen und -Varianten, sodaß in ein und demselben Patienten mehrere HIV-Typen nachgewiesen werden können. Präventivmaßnahmen (Erziehung zur Verwendung von Kondomen, Einmalgebrauch von Spritzen und Nadeln durch Drogenabhängige, sicherer Umgang mit Blut und Blutprodukten) haben sich als sicherster Beitrag zur Kontrolle der HIV-Infektion erwiesen; leider werden sich diese Maßnahmen in den ärmsten Regionen der Welt nicht oder erst zu spät durchsetzen.

5.5 Impfstoffe und Schutzimpfung

Der ausgedehnte Einsatz von Impfstoffen in Industrieländern ist weitgehend verantwortlich dafür, daß die meisten ernsten, bakteriellen und viralen Infektionskrankheiten unter Kontrolle gebracht werden konnten. Man muß sich jedoch vergegenwärtigen, daß viele wirksame Impfstoffe in Drittweltländern bisher kaum eingesetzt wurden, und daß überdies in diesen Gebieten verschiedene parasitäre Krankheiten großes Elend und unzählige Todesfälle verursachen. Parasitäre Infektionen sind durch Immunisierung nur sehr schwer beherrschbar und stellen den Immunologen vor herausfordernde Probleme. Bevor wir uns diesen zuwenden, sollen einige erfolgreiche, bakterielle und virale Impfstoffe besprochen werden.

Passive Immunisierung. Man unterscheidet grundsätzlich zwei Formen der Immunisierung, die passive und die aktive. Bei der passiven Immunisierung werden Antikörper eines immunen auf einen nichtimmunen Organismus übertragen. Früher wurde beispielsweise ein Antiserum gegen Tetanustoxin, das durch Immunisierung von Pferden mit Tetanustoxoid gewonnen wurde, beim Menschen zum passiven Schutz vor Tetanus verwendet. Oft entwickelten sich beim

Empfänger des Serums höchst unangenehme, manchmal sogar tödliche, allergische Reaktionen (Serumkrankheit).
Um die Gefahr allergischer Reaktionen niedrig zu halten, sind alle heute zur passiven Immunisierung verwendeten Antikörper menschlichen Ursprungs. Die zugeführten Antikörper vermitteln einen sofort wirksamen Schutzeffekt, der allerdings nicht lange anhält: Antikörper überleben höchstens einige Wochen, und mit ihrem durch Abbau eingeleiteten Verschwinden verliert sich der passiv erworbene Schutz.
Mit diesen Einschränkungen ist aber die passive Immunisierung auch heute noch sehr erfolgreich im Einsatz zum Schutz gegen Starrkrampf und Tollwut sowie gegen toxische Komponenten von Schlangengiften. Die kurz nach dem Gebären vorgenommene Behandlung von Frauen mit Antikörpern gegen Rhesus-Blutgruppenantigene hat einen anderen Hintergrund: hier geht es darum, die Immunisierung der Mutter mit dem Rhesusantigen der kindlichen Erythrozyten zu verhindern (s. S. 115).
Aktive Immunisierung. Bei der aktiven Immunisierung werden abgetötete oder lebende Mikroorganismen verwendet, um auf diese Weise eine spezifische Immunität herbeizuführen. Der so erzielte Impfschutz kann lebenslänglich andauern; wenn der Schutz schwindet, kann er mit einer Wiederholung der Impfung («booster») sehr leicht und in kürzester Zeit wiederhergestellt werden (siehe Abb. 13). Da bei der Grundimmunisierung viele Gedächtniszellen gebildet werden, löst die Infektion mit dem entsprechenden Erreger eine rasch einsetzende Immunantwort aus, und die Infektion verursacht in der Regel keine Krankheit.
Die während einer natürlichen Infektion erworbene Immunität ist immer am zuverläßigsten. Man versucht daher, mit dem Impfstoff die Infektion so gut als möglich nachzuahmen. Lebende infektiöse Mikroorganismen sind ungeeignete Impfstoffe, da sie eine Krankheit auslösen könnten; die Erreger werden daher zu diesem Zweck so behandelt (oder in ihrer Pathogenität abgeschwächt), daß sie für den Empfänger harmlos sind und trotzdem ihre immunisierende Wirkung beibehalten. Abgetötete Viren sind leider als Impfstoff wenig geeignet: es werden zwar genügend Antikörper gebildet, wirksame T-Zellreaktionen bleiben jedoch aus; der Grund liegt darin, daß Peptide toter Viren nicht durch MHC-Klasse I-Moleküle präsentiert werden und so die Aktivierung zytotoxischer T-Lymphozyten ausbleibt. Ein in Mitteleuropa übliches Impfschema findet sich in Tab. 6.
Wirksamkeit von Impfstoffen. Pocken wurden durch ein erfolgreiches, weltweit angewandtes Impfprogramm ausgerottet. Fälle von Poliomyelitis (Kinderlähmung) sind sehr selten geworden; in Gebie-

Tabelle 6: Impfschema.
In einigen Ländern werden Mumps- und Röteln-Impfungen gleichzeitig mit der Masernimpfung vorgenommen. Zusätzlich zu den aufgeführten Impfungen sollten vor Reisen in Länder der Dritten Welt Tetanus- und Polioimpfungen aufgefrischt sowie eine Prophylaxe mit einem Ig-Präparat durchgeführt werden.

Impfstoff	Zeitpunkt	Zielpopulation
Routineimpfung		
DTP (= Tripelvakzine, bestehend aus Diphtherie-, Tetanus- und Pertussis-Impfstoff)	3 × im Alter von 3–4 Monaten im Abstand von ca. 4 Wochen; Booster im Alter von 2 Jahren und bei Schuleintritt; Tetanus alle 10 Jahre	Alle
Polio oral	(wie oben)	Alle
MMR (= Masern-, Mumps- und Röteln-Lebendvakzine)	2. Lebensjahr; Booster im 10.–14. Lebensjahr	alle Mädchen und Knaben
Selektive Maßnahmen		
BCG, Hepatitis B	Erste Lebenswoche	bei Risikosituation
BCG	10.–14. Lebensjahr	Tuberkulin-negative Kinder
Influenza	Jährlich im Herbst	Ältere Menschen, chronisch Kranke
Reisen in Drittweltländer		
Cholera Typhus Gelbfieber	Ungefähr 1 Monat vor Reiseantritt	
Exposition (beruflich/Unfall)		
Hepatitis B	Prophylaktisch Nach Exposition	Pflege- und Laborpersonal Neugeborene von Virusträgerinnen
Tollwut	Prophylaktisch Nach Exposition	Ausgewählte Angestellte im Veterinärdienst Kontaktpersonen infizierter Tiere

ten mit einer gewissen Impfdisziplin zählt man etwa zwei bis drei Fälle pro Million immunisierter Kinder. Tollwut-Viren können in Form sicherer Impfstoffe verabreicht werden; die schrecklichen Neben-

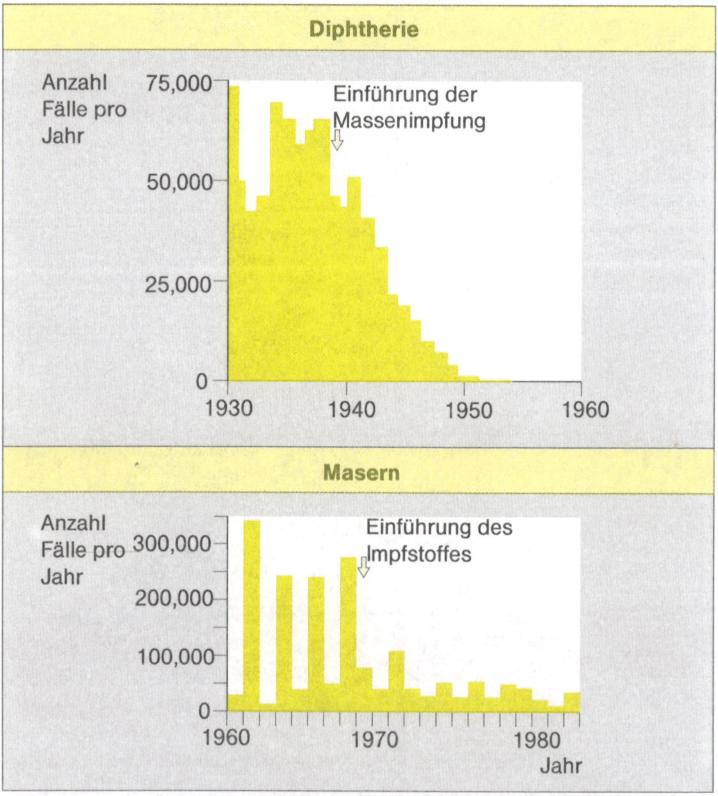

Abb. 44: Auswirkungen der Diphtherie- und Masernimpfung. Als Folge einer nationalen Impfkampagne , die 1940 in England gestartet wurde, konnte die Diphtherie während der folgenden zehn Jahre zum Verschwinden gebracht werden. Eine Massenimpfung mit Masernimpfstoff führte 1968 in England und Wales zu einer sofortigen Reduktion der Krankheitsfälle. Im Gegensatz zur Diphtherie konnte die Krankheit mit diesem Impfprogramm jedoch nicht vollständig ausgerottet werden, und man beobachtet weiterhin kleine Masernausbrüche in einem Zweijahreszyklus.

effekte, die früher bei der Verwendung von Rabies-Viren aus dem Rückenmark von Kaninchen auftraten, sind verschwunden.
Zwei weitere Beispiele illustrieren die dramatische Wirkung erfolgreicher Impfkampagnen (Abb. 44). Vor dem Zweiten Weltkrieg wurden in Großbritannien pro Jahr bis zu 75 000 Fälle von Diphtherie gemeldet. Die aktive Schutzimpfung wurde in den 40er Jahren eingeführt, und innerhalb von 10 Jahren verschwand die Krankheit. Die Verfügbarkeit eines Lebendimpfstoffs mit attenuiertem Masernvirus im Jahre 1968 sorgte ebenfalls für einen deutlichen Rückgang der gemeldeten Krankheitsfälle; in Europa tritt die Krankheit jedoch immer noch mit jahreszeitlichen Schwankungen in Erscheinung. In Ländern der Dritten Welt, wo Massenimpfungen nicht möglich sind, bleibt Masern eine der Hauptursachen der Kindersterblichkeit. In diesem Zusammenhang ist die Bemerkung wichtig, daß Krankheiten durch entsprechende Impfprogramme nur dann erfolgreich unter Kontrolle gebracht werden können, wenn nahezu alle gefährdeten Personen geimpft werden. Aus diesem Grund sollte man für das Aufrechterhaltens der Impfschutzes besorgt sein, auch wenn einzelne Krankheiten nur noch sehr selten auftreten.
Verbesserte Impfstoffe. Die Herstellung sicherer und wirksamer Impfstoffe gegen bakterielle und virale Infektionskrankheiten mit traditionellen Methoden gelingt leider nicht in jedem Fall. Erfolgreiche Entwicklungen durch Einsatz der Gentechnologie oder synthetischer Proteine lassen jedoch aufhorchen. Indem Gene eines gefährlichen Virus in ein anderes, vergleichsweise harmloses Virus oder ein Bakterium verpflanzt werden, wurden «piggy-back» Impfstoffe hergestellt. Methoden der DNA-Rekombination haben uns einen sicheren, weltweit verwendeten Impfstoff gegen Hepatitisvirus B beschert; auf ähnliche Weise soll demnächst ein Rabiesimpfstoff erzeugt werden. Impfstoffe gegen die Erreger von Lepra und AIDS werden sehnlichst erwartet, und Immunisierungsmethoden, die gegen parasitäre Krankheiten schützen, stehen weiterhin im Zentrum des Interesses. Die komplizierten Lebenszyklen der Parasiten stellen jedoch die Impfstoffentwickler vor fast unlösbare Probleme.

6. Antiparasitäre Immunität

Weltweit leiden wahrscheinlich weit über zwei Milliarden Menschen an Malaria oder anderen Krankheiten, die durch Protozoen und verschiedene Arten von Würmern verursacht werden (Abb. 45) – ein unbeschreibliches Elend. Wie bei Bakterien und Viren, kann eine Ausbreitung der Parasiten, die sich im Blut aufhalten, durch eine Antikörperreaktion kontrolliert werden; gewebeständige oder intrazelluläre Parasiten lösen eine T-Zellreaktion aus. Die Immunität, die sich während des Kontaktes mit vielen dieser Erreger einstellt, kann zur wirkungsvollen Beendigung der Infektion und unter Umständen sogar zur langanhaltenden Resistenz gegen eine Reinfektion führen. Leider ist dies nicht immer der Fall, weil sich der Wirt – wie wir gleich sehen werden – durch die Infektion gar keine Immunität erwerben kann.

6.1 Antikörperreaktionen gegen Parasiten

Eine kräftige IgG-Antwort schützt gegen Blutparasiten wie beispielsweise Trypansomen, die Erreger der Chagas-Krankheit. Andererseits werden als Reaktion auf die Infektion mit Würmern wie Askariden große Mengen an IgE-Antikörpern gebildet, und die Zahl eosinophiler Granulozyten im Blut nimmt stark zu. IgE-Antikörper vermögen, unter Mitwirkung von eosinophilen Granulozyten, Blutplättchen und Mastzellen, Parasiten abzutöten; der entsprechende Mechanismus wird als *Antikörper-abhängige zellvermittelte Zytotoxizität* bezeichnet (s. auch «Zytotoxische Überempfindlichkeit (Typ II)», S. 111).
Der Infektionsschutz beruht beim natürlich resistenten oder immunisierten Wirt im allgemeinen auf IgG (und IgA), während IgE-Antikörper eher während der postinfektiösen Erholungsphase eine Rolle spielen.

6.2 T-Zellreaktionen

Obschon wenig Hinweise auf eine Beteiligung zytotoxischer T-Zellen an der antiparasitären Resistenz vorliegen, bestehen keine Zweifel daran, daß aus T-Lymphozyten stammende Zytokine in dieser Hinsicht von großer Bedeutung sind. Zytokine sind für die Makrophagenaktivierung und damit für die Elimination intrazellulärer Parasiten

verantwortlicher Parasit		Krankheit	Anzahl betroffener Personen
Protozoen			
Plasmodium	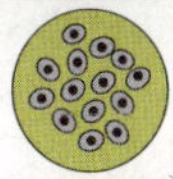	Malaria	350,000,000
Leishmania	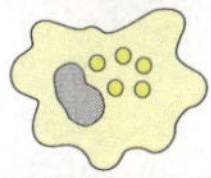	Leishmaniasis	12,000,000
Trypanosoma	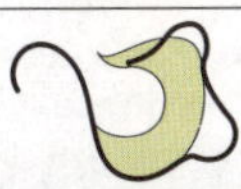	Chagas-Krankheit (Südamerika), Schlafkrankheit (Afrika)	25,000,000
Helminthen			
Trematoden (Egel)			
Schistosoma	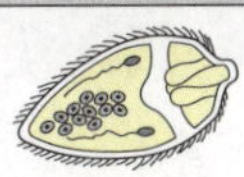	Schistosomiasis	250,000,000
Nematoden (Rundwürmer)			
Ascaris	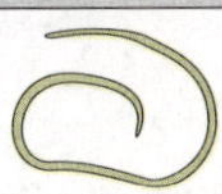	Ascariasis	1,000,000,000
Ancylostoma *Necator*	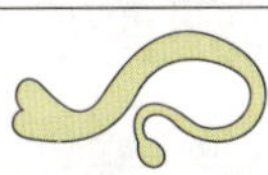	Hakenwurm-Krankheit	900,000,000
Wuchereria *Onchocerca*		Filariasis (Elephantiasis, Flußblindheit)	100,000,000

Abb. 45: Die für eine Infektion des Menschen wichtigsten Parasiten. Die genaue Zahl ist unbekannt, aber man schätzt, daß weltweit ungefähr die Hälfte aller Menschen an irgendeiner Form parasitärer Infektion leiden. Alle hier aufgeführten Parasiten verursachen Symptome oder Krankheiten, von denen viele tödlich verlaufen. Parasitosen sind eine wichtige Herausforderung an die Medizin.

besonders wichtig. Ebenso klar scheint, daß für die Ausstoßung größerer Erreger wie beispielsweise Würmer die Beteiligung von Antikörpern und T-Zell-vermittelten Immunreaktionen notwendig ist.

6.3 Probleme, die parasitäre Erkrankungen dem Immunsystem bereiten

Parasitäre Infektionen bereiten dem Immunsystem aus verschiedenen Gründen Schwierigkeiten. Alle Probleme beruhen darauf, daß diese Erreger die Kunst des Parasitendaseins perfektionierten und der Immunabwehr des Wirtes auf unterschiedliche Weise entgehen. Die bekanntesten Evasionstechniken finden sich in Tab. 7. Mykobakterien (Erreger der Tuberkulose) und Histoplasma (Pilz, welcher die Lunge befällt) sind zwar keine «typischen» Parasiten, verursachen aber ähnliche Lungenkrankheiten und überleben in Makrophagen, wo sie vor Immunreaktionen weitgehend geschützt sind. Afrikanische Trypanosomen (Protozoen) und Borrelien (Bakterien) entgehen dem Angriff von Antikörpern, indem sie ihre Oberflächenantigene periodisch wechseln. Besonders Trypanosomen entwickelten in dieser Hinsicht bemerkenswerte Fähigkeiten: über 1000 Proteine stehen in wechselnder Folge für diesen Antigentausch zur Verfügung. Da ist leicht einzusehen, daß die Antikörperbildung des Wirts den Geschehnissen dauernd hinterher läuft, und daß diese Parasiten für immer neue, von Fieberschüben begleitete Krankheitsschübe sorgen. Ein Parasit ist nur dann erfolgreich und überlebt, wenn er den ihm gefährlichsten Immunreaktionen aus dem Wege zu gehen versteht.

Alle antiparasitären Immunreaktionen sind abhängig von der initialen Erkennung durch Zellen des Immunsystems. Echinokokken (Bandwürmer) leben in Hydatidzysten, gewöhnlich in der Leber und außer Reichweite des Immunsystems; Erkennung und Immunantwort bleiben daher aus. Andere Parasiten – wie bereits mehrmals erwähnt – halten sich in Zellen auf und entgehen so der Erkennung. Wieder andere zeigen sich noch hinterhältiger und absorbieren Moleküle des Wirtes an ihrer Oberfläche: der Überzug mit Wirtantigenen macht sie für das Immunsystem unsichtbar. Ein gutes Beispiel für dieses Verhalten zeigen Schistosomen, die sich hinter Erythrozytenlipiden, MHC-Molekülen und Bruchstücken von Immunglobulinen verbergen.

Würmer, die sich ausschließlich im Darmlumen aufhalten, befinden sich eigentlich außerhalb des Körpers und damit jenseits der Reichweite von Lymphozyten und Phagozyten. Ins Darmlumen sezer-

Tabelle 7: Wie Parasiten einem Angriff durch Immunmechanismen entgehen

Verbergen	Überleben in Wirtzelle Aufenthalt in einer vom Parasit gebildeten Kapsel Aufenthalt in einer Zyste Überleben in vom Kontakt mit Immunzellen geschützter Lokalisation Mimikry mit Wirtantigenen Schutz durch Überzug mit Wirtantigenen
Antigen-variation	Mutation der für Antigene kodierenden Gene Programmierte Expression nur eines von vielen Genen, die für Antigene kodieren Rekombination der für Antigene kodierenden Gene
Immun-suppression	Immunologisch unspezifische Mechanismen Immunologisch spezifisch durch funktionelle Hemmung von Makrophagen oder T-Zellen

nierte IgA-Antikörper schädigen die Parasiten kaum, und Würmer besitzen häufig eine Cuticula, welche die Antikörperbindung verhindert. Schließlich kennt man auch Parasiten, die zwar nicht in den Körper eindringen, jedoch große Mengen ihrer Antigene in die Blutzirkulation freisetzen. Diese Antigene blockieren potentiell reaktive Lymphozyten und Antikörper und verhindern auf diese Weise deren Reaktion mit dem Erreger.

6.4 Wirksame antiinfektiöse Immunität

Wir haben nun die verschiedenen Arten der Immunantwort kennengelernt, die Infektionen mit Mikroorganismen und größeren Parasiten zu verhindern oder zu kontrollieren vermögen. Den Krankheitserregern stehen viele Wege offen, der Zerstörung durch Immunmechanismen zu entgehen. Das Gleichgewicht zwischen Wirt und Parasit ist dynamisch, und jeder Partner beeinflußt die Reaktionen des andern.

Wir müssen nochmals betonen, daß alle pathogenen Parasiten aus immunologischer Sicht äußerst kompliziert gebaut sind: sie besitzen viele verschiedene Antigene, und Immunreaktionen gegen komplexe Antigene sind nicht immer sehr erfolgreich. Diese Überlegungen sind für das Verständnis der Mechanismen des Impfschutzes außerordentlich wichtig. Die Güte eines Impfstoffes mißt sich daran, ob er die richtige Art spezifischer Immunität gegen das richtige Antigen im richtigen Stadium der Infektion auszulösen vermag.

7. Überempfindlichkeit und allergische Reaktionen

Überempfindlichkeitsreaktionen gehen von normalen adaptiven Immunantworten aus, und ihre Enstehungsmechanismen sind abhängig vom immunologischen Gedächtnis für ein bestimmtes Antigen oder *Allergen*. Die Intensität einer Überempfindlichkeitsreaktion nimmt bei wiederholter Exposition mit dem auslösenden Antigen meist zu. Im Falle einer Heilmittelallergie ist dies besonders deutlich: allergische Reaktionen wie Hautausschläge treten nur äußerst selten schon bei der ersten Verabreichung eines allergieauslösenden Medikamentes (z. B. Antibiotikum) auf.

Die Besonderheit dieser Reaktionen liegt darin, daß es sich um übertriebene oder ungeeignete Formen der adaptiven Immunantwort handelt, die sich im Grunde gegen ein Fremdantigen richtet, aber als Nebenprodukt das eigene Gewebe schädigt. Der Schaden ist darauf zurückzuführen, daß sich der Körper entweder mit einer zu großen Antigenmenge auseinanderzusetzen hat oder auf die Antigenstimulation mit einer zu kräftigen Antikörperproduktion reagiert. Überempfindlichkeitsreaktionen aufgrund von Antikörpern oder T-Lymphozyten, deren Aktivität sich gegen körpereigene Antigene richtet, stellen Sonderfälle dar, die nur bei Autoimmunkrankheiten eine Rolle spielen. Die verschiedenen Arten der Überempfindlichkeit werden aufgrund der beteiligten Mechanismen in vier Typen (I bis IV) eingeteilt; die ersten drei werden durch Antikörper vermittelt, der vierte beruht auf einer T-Zell- und Makrophagenreaktion und ist Antikörper-unabhängig. Nach Zweitkontakt mit dem Antigen laufen Antikörper-vermittelte Reaktionen im Vergleich zu zellvermittelten beschleunigt ab.

7.1 Atopie und Anaphylaxie (Typ I)

Klinische Zustände wie Asthma, Hautekzeme oder Heuschnupfen werden als atopische Krankheiten oder *Atopien* bezeichnet. Atopien treten bei Personen auf, in deren Familien derartige Leiden meist gehäuft vorkommen, und die sich durch rasch auftretende Hautreaktionen gegen die wichtigsten Inhalationsallergene auszeichnen. Etwa ein Fünftel der Schweizerbevölkerung weist allergische Symptome auf, z. B. Heuschnupfen wegen einer Allergie gegen Gräserpollen. Die Prävalenz allergischer Krankheiten wie Asthma und atopische Ekzeme hat seit 1960 stetig zugenommen; die Gründe für diese

Zunahme sind nicht klar, könnten jedoch mit der allgemeinen Umwelt- und Luftverschmutzung zusammenhängen. Akute anaphylaktische Reaktionen (*Anaphylaxie*), die auf IgE-abhängigen Mechanismen beruhen, treten bei Nahrungsmittel- und Heilmittelallergien auf sowie in sehr dramatischer Form bei Allergie gegen Bienen- und Wespengifte.

Die erste Beschreibung der Mechanismen einer allergischen Reaktion geht auf Prausnitz und Küstner zurück, die 1921 zeigten, daß die Bereitschaft zu dieser Art der Reaktion mit einem Faktor aus dem Serum eines Allergiepatienten (damals als Reagin bezeichnet, später als IgE identifiziert) auf die Haut eines Gesunden übertragen werden kann. Serum einer Person mit einer Fischallergie wurde in die Haut einer gesunden Testperson injiziert; ein Hauttest mit Fischextrakt an der Injektionsstelle verlief stark positiv. Interessant ist, daß das Experiment nur bei Verwendung gekochten Fisches erfolgreich war und ein Extrakt aus rohem Fisch keine Reaktion auslöste. Dies deutet darauf hin, daß die allergieauslösenden Antigene erst beim Kochen erschienen. Die Bestätigung dieser Annahme lieferte die Beobachtung, daß eine Hautreaktion an der Injektionsstelle des Reagin-haltigen Serums auch dann auftrat, wenn die Testperson einen Fisch verspeiste. Daraus ist auch ersichtlich, daß gewisse Allergene in Nahrungsmitteln unverdaut in die Blutzirkulation aufgenommen und zu den Zielorganen – in diesem Falle die Haut – transportiert werden, wo sie eine Reaktion auslösen.

7.1.1 Genetik der allergischen IgE-Antwort beim Menschen

Man weiß seit vielen Jahren, daß allergische Reaktionen bei Kindern von Eltern mit einer Allergie sehr viel häufiger sind als bei Kindern gesunder Eltern. Ein weiterer Risikofaktor ist eine über die Norm erhöhte IgE-Konzentration im Serum; Untersuchungen an Mäusen zeigen, daß die Neigung zur Überproduktion von IgG_{2A} – dem IgE-Äquivalent dieser Tiere – unter direkter genetischer Kontrolle steht. Beruhte die Bereitschaft zur Entwicklung einer Allergie allein auf genetischer Grundlage, würde man bei eineiigen Zwillingen eine identische Allergieinzidenz erwarten. Merkwürdigerweise liegt jedoch die Konkordanz näher bei 50% als bei 100%, was vermuten läßt, daß auch Umweltfaktoren eine gewichtige Rolle spielen (Abb. 46).

Jedermann atmet durchschnittlich pro Jahr etwa 1 μg Pollenkörner ein (ein Millionstel eines Gramms); es erstaunt, daß derart winzige Mengen genügen, mehr als einen Fünftel der Bevölkerung mit Heuschnupfen zu plagen.

7.1.2 Mechanismen der Atopie

Unmittelbar nach Antigenkontakt einsetzende Überempfindlichkeitsreaktionen (Sofortreaktionen) werden durch spezifische IgE-Antikörper vermittelt, die sich an die Oberfläche von Mastzellen oder basophilen Granulozyten fixieren. Die Antigenbindung durch das membranständige IgE löst eine rasche Degranulierung dieser Zellen und die Freisetzung pharmakologischer Entzündungsmediatoren aus (Abb. 47). Da Mastzellen und basophile Granulozyten in und in unmittelbarer Nachbarschaft von Epidermis und Schleimhaut von Nase, Trachea, Lunge, Auge und Darm besonders zahlreich sind, spielen sich atopische Reaktionen vor allem in diesen Bereichen ab (Abb. 48). Die erste, sofort einsetzende Entzündungsphase führt oft zu einer lokalen Ansammlung von Zellen, die ihrerseits für das Weiterbestehen der entzündlichen Reaktion und das um einige Stunden verzögerte Auftreten weiterer klinischer Symptome verantwortlich

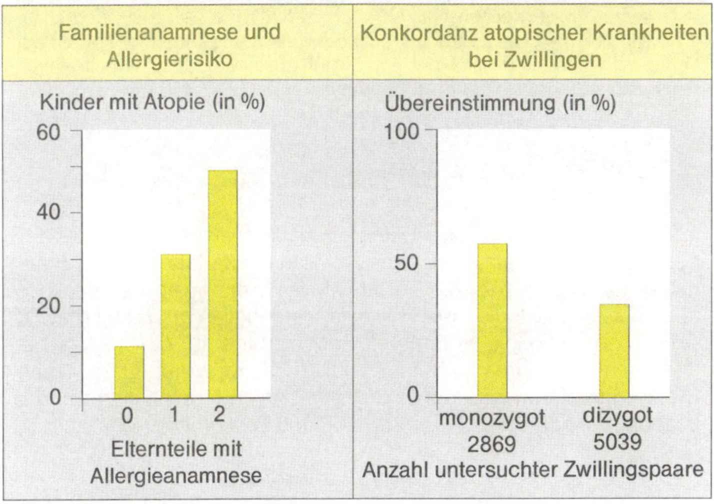

Abb. 46: Genetische Faktoren bei Atopie. **Links**. Etwa 15% der Bevölkerung leiden an allergischen Krankheiten. Bei Nachkommen von Eltern, bei denen ein Elternteil an Allergien leidet, verdoppelt sich dieser Prozentsatz; er wird noch höher, wenn beide Eltern Allergiker sind. **Rechts**. Man würde erwarten, daß sich genetisch programmierte Krankheiten bei eineiigen Zwillingen in identischer Weise auswirken. Dies trifft im Falle der Atopie jedoch nicht zu, was auf die Bedeutung von Umweltfaktoren als auslösende Faktoren hinweist.

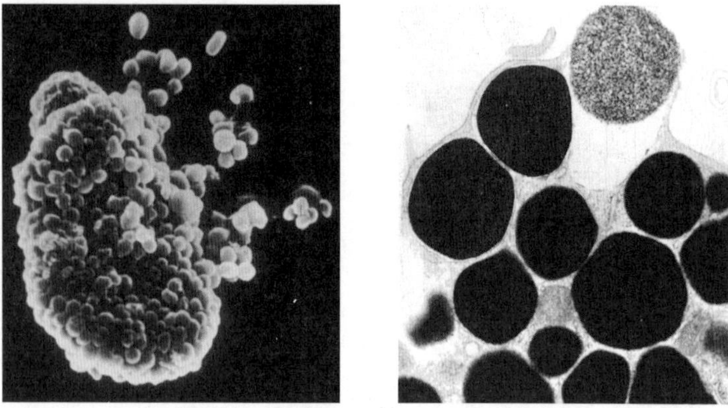

Abb. 47: Mastzelldegranulierung. Dies ist das Schlüsselereignis der atopischen allergischen Reaktionen. Die elektronenmikroskopischen Bilder zeigen eine Mastzelle, die im Begriff steht, ihre Granula in Form eines Schauers freizusetzen (**links**). **Rechts** ist ein Querschnitt durch die Zelle, der veranschaulicht, wie sich die Granulastruktur nach der Freisetzung ändert: es kommt zur Verflüssigung des Granulainhalts, und die Inhaltsstoffe verursachen die allergischen Entzündungsreaktionen. (Abbildung von Dr. T.S.C. Orr.)

ist; ein Beispiel dafür ist die Spätphasenreaktion (SPR) bei Asthma (Abb. 49).

Interessant ist die medikamentöse Beeinflußbarkeit dieser Reaktionen. Das Natriumsalz der Cromoglicinsäure (z.B. Intal®), ein Asthmamittel, hemmt sowohl die Sofort- als auch die Spätphasenreaktionen, was zeigt, daß die erste Phase das essentielle Vorspiel für die SPR darstellt. Andererseits hemmen Kortikosteroide nur die SPR, die bei chronischem Asthma allerdings klinisch oft im Vordergrund steht. Die Sofortreaktion wird durch *Histamin* und andere Inhaltsstoffe der Granula, die SPR durch *Prostaglandine* und *Leukotriene* verursacht.

7.1.3 Umweltfaktoren

Luftverschmutzung durch Schwefeldioxid, Stickstoffoxide, Dieselabgase und Flugasche kann zur Permeabilitätsstörung der Schleimhäute und zum erleichterten Eintritt von Antigenen führen; damit wird eine Sensibilisierung im Sinne der verstärkten Bildung von IgE-Antikörpern erleichtert. Der Effekt des Zigarettenrauchens scheint von der Inten-

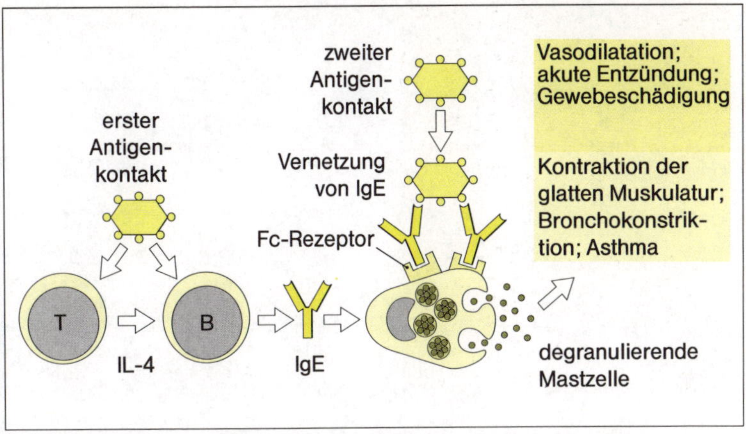

Abb. 48: Die Mechanismen der anaphylaktischen (oder atopischen) Reaktion. IgE-Antikörper, gebildet als Resultat eines früheren Kontakts mit einem Antigen (Allergen) wie Pflanzenpollenprotein, binden an Fc-Rezeptoren an der Oberfläche von Mastzellen; besonders viele Mastzellen finden sich im Bereich von Schleimhautoberflächen. Bei der nächsten Begegnung mit dem auslösenden Antigen wird dieses an die IgE-Antikörper gebunden; diese Bindung vernetzt die Rezeptoren in der Zellmembran, was eine Reihe von Vorgängen auslöst, die darin gipfeln, daß die Mastzelle ihre Granula freisetzt und die Granulainhaltsstoffe ins umgebende Gewebe gelangen. Man beachte, daß die Degranulierung basophiler Granulozyten auf den gleichen Mechanismen beruht. Unter den Entzündungsmediatoren sind Histamin, Prostaglandine und Leukotriene zu nennen, die das klinische Bild der Allergie prägen (siehe auch *Abbildung 39*).

sität des Tabakkonsum abzuhängen: leichtes Rauchen erhöht die IgE-Produktion, schwere Raucher weisen erniedrigte IgE-Spiegel auf. Partikuläre Bestandteile von Dieselabgasen können die Bildung von IgE kräftig stimulieren (Abb. 50). Diese Schwebeteilchen, mit einem Durchmesser von weniger als 1 μm, treten in der Luft über stark frequentierten Straßen in Konzentrationen von bis zu 500 $\mu g/m^3$ auf. Die Zunahme der Fälle allergischer Rhinitis (chronischer Nasenkatarrh) und Asthma während der vergangenen 30 Jahre läuft dem Anstieg der Luftverschmutzung parallel. Luftverunreinigung kann daher zum Anstieg allergischer Krankheiten beitragen. Auch Viren gehören zu unserer Umwelt, und virale Infekte der Luftwege können dieselben mißlichen Wirkungen haben wie Substanzen und Partikel, die unsere Atemluft verunreinigen.

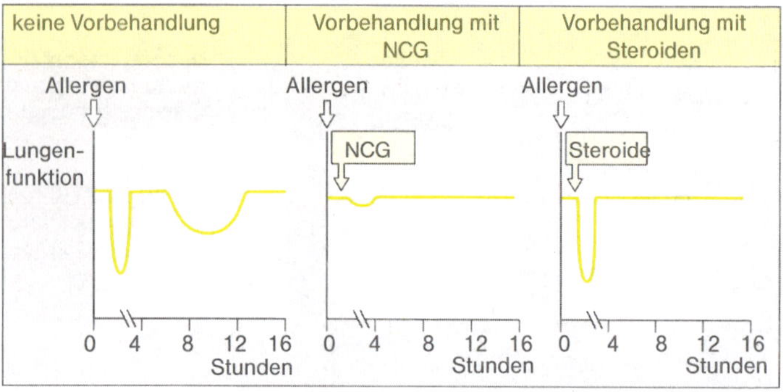

Abb. 49: Veränderungen der Lungenfunktion bei atopischer Allergie. Inhaliert eine allergische Person das spezifische Antigen, verschwinden die dadurch ausgelösten Atembeschwerden recht rasch; mehrere Stunden später stellt sich jedoch eine zweite, längere Phase gestörter Lungenfunktion ein (Spätphasenreaktion). Natriumcromoglicat (NCG), ein häufig verwendetes Asthmamittel, hemmt sowohl die Früh- als auch die Spätphasenreaktion. Andererseits beschränkt sich die hemmende Wirkung von Steroiden und Prostaglandin-Antagonisten auf die Spätphase. Dies zeigt, daß dem zweizeitigen Prozeß unterschiedliche Mechanismen zugrundeliegen.

7.1.4 Die schützende Rolle von IgE

Bei Betrachten aller Nachteile der IgE-vermittelten, allergischen Reaktionen stellt man sich die Frage, ob IgE überhaupt eine nützliche Funktion erfüllt. Die Antwort ist, daß IgE-Antikörper bei der Abwehr von Parasiten eine zentrale Rolle spielen. Wenn der Eintritt von Würmern oder anderer Parasiten im Darm durch IgA nicht verhindert wird, treffen die Eindringlinge auf IgE-sensibilisierte Mastzellen; der Kontakt führt über Freisetzung von Mediatoren, Beteiligung von Serumfaktoren (IgG und Komplement) sowie chemotaktische Einwanderung von eosinophilen und neutrophilen Granulozyten zur Auslösung einer lokalen Entzündungsreaktion.
Berücksichtigt man, daß mehr als ein Drittel der Weltbevölkerung an parasitären Wurminfektionen leidet, versteht man den enormen Evolutionsdruck, der zur Entwicklung eines wirksamen, gegen Würmer gerichteten Abwehrsystems führte. IgE und Mastzellen sind die Resultate dieses Evolutionsdruckes, und Allergien wie die eben geschilderten sind die unausweichliche Konsequenz davon, daß wir über diesen protektiven Immunmechanismus verfügen.

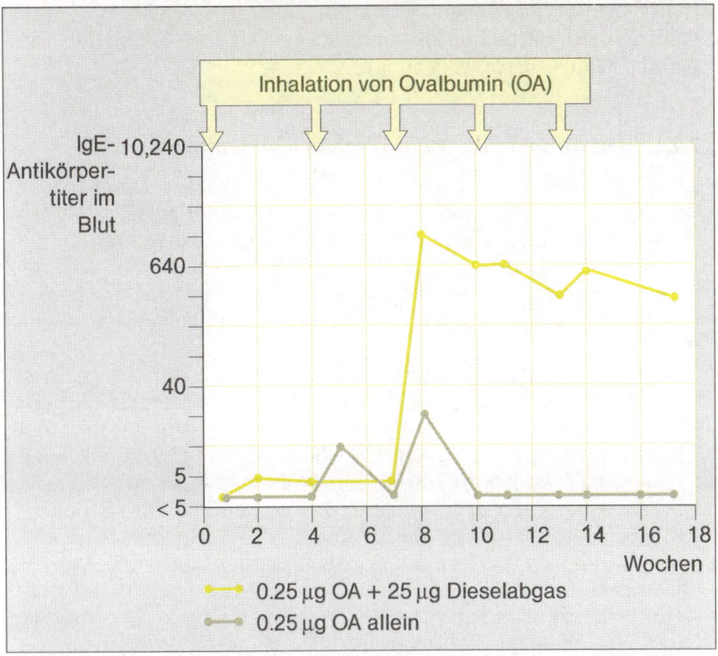

Abb. 50: Die Auswirkungen von Dieselschadstoffen. Bei Mäusen kann durch Inhalation von Ovalbumin die Produktion von IgE-Antikörpern induziert werden. Antikörpertiter im Blut erreichen signifikant höhere Werte, wenn die Tiere gleichzeitig mit dem Ovalbumin partikuläres Material aus Dieselabgasen einatmen müssen. Dies weist auf eine Erklärungsmöglichkeit für die Feststellung hin, daß bei Stadtmenschen die Inzidenz atopischer Allergien tendenziell zunimmt. Gleichzeitig ist diese Beobachtung ein weiterer Grund für verschärfte Abgaskontrollen.

7.2 Zytotoxische Überempfindlichkeit (Typ II)

Eine große und heterogene Gruppe von Krankheiten und Störungen ist gekennzeichnet durch eine grundlegende Gemeinsamkeit: in jedem Falle sind IgG- oder IgM-Antikörper beteiligt, die gegen exogene und endogene Antigene an der Oberfläche körpereigener Zellen gerichtet sind. Die Antikörper bewirken den Untergang dieser Zellen mithilfe von Mechanismen, wie die für die Zerstörung von

Bakterien oder Protozoen erwähnten. Dies ist ein weiteres Beispiel dafür, wie sich protektive Immunreaktionen schädigend auf den Körper des Wirtes auswirken können.

7.2.1 Mechanismen der zytotoxischen Überempfindlichkeit

Eine Zelle, an deren Oberfläche sich Antikörper angelagert haben, kann im Grunde auf drei Wegen geschädigt oder zerstört werden (Abb. 51). Am einleuchtendsten ist die Phagozytose, da die an der Zellmembran gebundenen Antikörper mit Fc-Rezeptoren phagozytierender Zellen reagieren. Es handelt sich eigentlich um den bereits erwähnten Opsonisierungseffekt, der – wie bei der Phagozytose von Bakterien – durch die Aktivierung des Komplementsystems verstärkt wird und damit die Phagozytose fördert. Das Komplementsystem ist auch in anderer Weise an der zytotoxischen Überempfindlichkeit beteiligt: seine vollständige Aktivierung führt zur Lyse der mit Antikörpern beladenen Zelle. Wenn in einem dritten Fall die antikörpertragenden Zellen oder Gewebe für die Phagozytose zu groß sind, wird der Prozeß der extrazellulären Zytotoxizität («antibody-dependent cellular cytotoxicity», ADCC) ausgelöst. Phagozyten wie neutrophile Granulozyten oder Makrophagen werden durch die Antikörper-vermittelte Bindung an die Zielzelle aktiviert. Folge dieser Aktivierung ist die Freisetzung einer Kombination von lysosomalen Enzymen und freien Radikalen (reaktive Sauerstoffprodukte und – aber nur bei Makrophagen – Stickoxid), welche Lyse und Tod der Zielzelle herbeiführen. Die Wirkung ist sehr ähnlich derjenigen von NK- und K-Zellen, welche Perforin (Protein, das die Zellmembran durchlöchert) und Proteasen produzieren, und die sich als weitere Spezialisten der ADCC auch an zytotoxischen Überempfindlichkeitsreaktionen beteiligen können.

7.2.2 Gewebeempfindlichkeit

Eine Eigenheit zytotoxischer Reaktionen liegt in der ungleichen Empfindlichkeit verschiedener Zellen auf den Einfluß dieser Effektormechanismen. Die Empfindlichkeit hängt zunächst ab von der Dichte der in oder auf der Membran der Zielzelle exprimierten Antigenmoleküle, dann aber auch von der individuellen Fähigkeit der Zielzellen, die Schädigung zu überstehen und den Schaden zu beheben. Bei Erythrozyten genügt die Bildung eines Membrandefektes durch einen einzigen aktiven Komplementkomplex zur Auslösung der Lyse. Eine viel größere Zahl von Komplementkomplexen wird für die Lyse

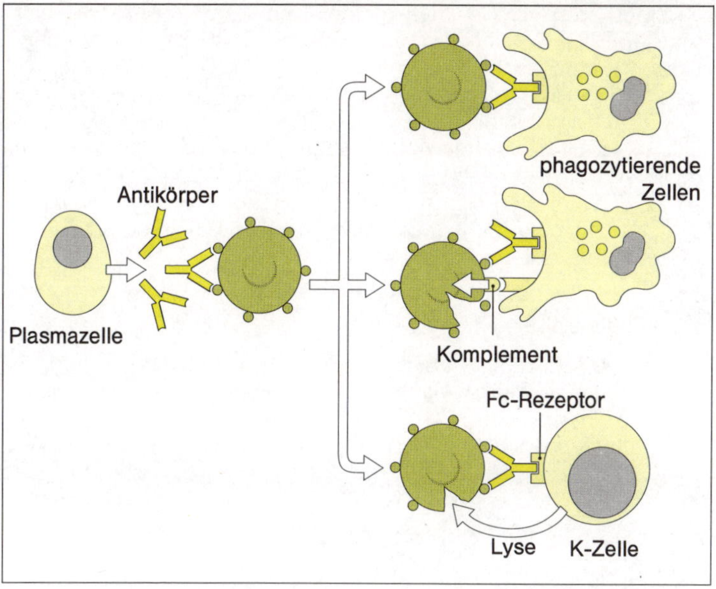

Abb. 51: Die Mechanismen der zytotoxischen Überempfindlichkeit. In diesem Beispiel sind die Antikörper gegen Oberflächenantigene eines Erythrozyten gerichtet. Durch die Antikörperbindung an die Erythrozytenmembran werden drei Arten von Immunmechanismen ausgelöst. Zellen mit Fc-Rezeptoren können sich über die fixierten Antikörper an den Erythrozyten anlagern und ihn lysieren; derartige Zellen werden «Killer»- (K-) Zellen genannt. Phagozytierende Zellen besitzen ebenfalls Fc-Rezeptoren und können den Erythrozyten aufnehmen. Der aus Antikörper und Erythrozyten-Antigen bestehende Komplex kann das Komplementsystem aktivieren; die Komplementaktivierung führt zur Lyse der Zelle (siehe *Abbildung 36*) und zur Opsonisierung für die Anlagerung an Phagozyten mit C3b-Rezeptoren.

einer kernhaltigen Zelle benötigt, da diese über zahlreiche Mechanismen der Membranreparatur verfügt.

7.2.3 Bluttransfusion

Die Blutzellen tragen Oberflächenantigene, welche Produkte polymorpher Gene darstellen. Bestimmte Antigene sind daher bei gewissen Personen vorhanden, während sie bei andern fehlen. Eine

Bluttransfusion wird beim Empfänger eine Immunreaktion gegen transfundierte Antigene, die er selbst nicht besitzt, hervorrufen. Diese Art der Sensibilisierung heißt *Alloimmunisierung*. Zu einer Alloimmunisierung kann es auch kommen, wenn fetale Erythrozyten über die Plazenta in die mütterliche Zirkulation gelangen, dann nämlich, wenn die Mutter gewisse Antigene (meist zum Rhesussystem gehörend) nicht besitzt, welche das Kind vom Vater erbte. Mütter werden auch gegen HLA-Antigene kindlicher Leukozyten immunisiert, die beim Zusammenbruch der Plazenta während der Geburt in ihre Zirkulation gelangen.

7.2.4 Blutgruppensysteme

Erythrozytenantigene werden in Blutgruppensystemen zusammengefaßt. Unter diesen dominiert das ABO-System; ebenfalls wichtig sind die Rhesus-, Lewis-, Kell- und Duffy-Systeme. Die Bedeutung eines Blutgruppenantigens bei der Transfusion hängt von der Verbreitung entsprechender Antikörper und ihrer lytischen Aktivität ab. Nach diesen Kriterien ist das ABO-System wichtiger als alle übrigen Gruppen.

ABO-System. Eine Eigenheit des ABO-Systems (und aller übrigen Blutgruppensysteme) besteht darin, daß niemand gegen seine eigenen Erythrozytenantigene gerichtete Antikörper aufweist. Eine Person der Blutgruppe A besitzt im Serum Anti-B-, aber nie Anti-A-Antikörper; das umgekehrte Bild zeigt sich bei Blutgruppe B, während bei Personen mit Blutgruppe O Antikörper sowohl gegen Antigen A als auch B vorhanden sind. Die natürlich vorkommenden Anti-A- und Anti-B-Antikörper werden erst im Alter von etwa drei Monaten nachweisbar und sind wahrscheinlich das Resultat der Immunisierung mit A- und B-Antigen-haltigem bakteriellem Material. Bei den A- und B-Antigenen handelt es sich um Kohlenhydrate; da die Struktur der Kohlenhydrate viel weniger variiert als diejenige von Proteinen, leuchtet ein, daß Bakterien in unserem Körper, vor allem im Darm, mit großer Wahrscheinlichkeit den A- und B-Substanzen ähnliche Antigene besitzen können. Die Verwandtschaft körpereigener und bakterieller Antigene ist ein Beispiel von molekulärem Antigen-Mimikry. Tiere, die unter keimfreien Bedingungen aufgezogen wurden, weisen viel geringere Mengen an Erythrozyten-Antikörpern auf als Tiere aus konventioneller Aufzucht.

Rhesus-System. Dieses komplexe System besteht aus mehreren Antigenen, doch werden Personen aus praktischen Gründen nach dem Vorhandensein oder dem Fehlen des Rhesus-D-Antigens als Rh^+ (um 85%) oder Rh^- (um 15%) bezeichnet. Eine Transfusion D-haltigen

Bluts in Rh-negative Empfänger ist deshalb gefährlich, weil die immunogene Wirkung des D-Antigens nur noch von den Antigenen des ABO-Systems übertroffen wird. Gruppenungleiche Erythrozyten reagieren nach Transfusion mit vorhandenen Antikörpern, es kommt zur Komplementfixation, und die ausgelöste Hämolyse kann unter Umständen zum Tode führen.

7.2.5 Hämolytische Krankheit des Neugeborenen

Die Sensibilisierung einer Rh^--Mutter findet gewöhnlich während der Geburt des ersten Rh^+-Kindes statt. Beim Zusammenbruch der Plazenta gelangen Rh^+-Erythrozyten des Kindes in großer Zahl in die Zirkulation der Mutter. Sofern die kindlichen Zellen nicht durch Antikörper des ABO-Systems zerstört werden, bleiben sie in Zirkulation und lösen eine Anti-Rh-IgG-Antwort aus. Diese Antikörper können während einer folgenden Schwangerschaft die Plazenta passieren.
Da die Immunisierung der Mutter erst am Ende der ersten Schwangerschaft stattfindet, besteht zwar für das erste Kind kein Risiko, alle weiteren sind jedoch gefährdet (Abb. 52). Die Folgen einer Anti-D-Alloimmunisierung der Mutter fallen für den Feten verschieden schwer aus. Das Kind kann schon *in utero* an einer schweren Form von hämolytischer Anämie sterben; in gewissen Fällen wirkt ein intrauteriner Blutersatz lebensrettend. Manchmal ist nach der Geburt eine Austauschtransfusion notwendig, womit der hämolytische Prozeß unterbrochen und gleichzeitig der Bilirubinspiegel gesenkt wird; Bilirubin ist ein Abbauprodukt des Hämoglobins, das toxische und bleibende Hirnschäden (Kernikterus) verursacht.
Anti-D-Prophylaxe. Glücklicherweise kennt man heute die Mechanismen, die zum Bild der hämolytischen Krankheit des Neugeborenen führen. Die Krankheit ist kontrollierbar und vermeidbar geworden, da die Sensibilisierung der Mutter verhindert werden kann. Dies geschieht durch passive Immunisierung (Abb. 52). Unmittelbar nach der Geburt des ersten Kindes werden der Mutter Anti-RhD-Antikörper verabreicht. Die injizierten Antikörper binden sich an kindliche Erythrozyten, die in den mütterlichen Kreislauf gelangten, und lösen deren Zerstörung aus, bevor es zur Immunisierung der Mutter kommt. Das folgende Kind kann sich darauf in einem von schädigenden Antikörpern freien Milieu entwickeln. Diese Behandlungsform ist einer der gemeinsamen Triumphe von Geburtshilfe und Immunologie und wird letztlich zum Verschwinden der Rhesus-bedingten hämolytischen Krankheit des Neugeborenen führen. Die Rhesusprophylaxe gehört zur Standardbehandlung bei allen Risikogeburten.

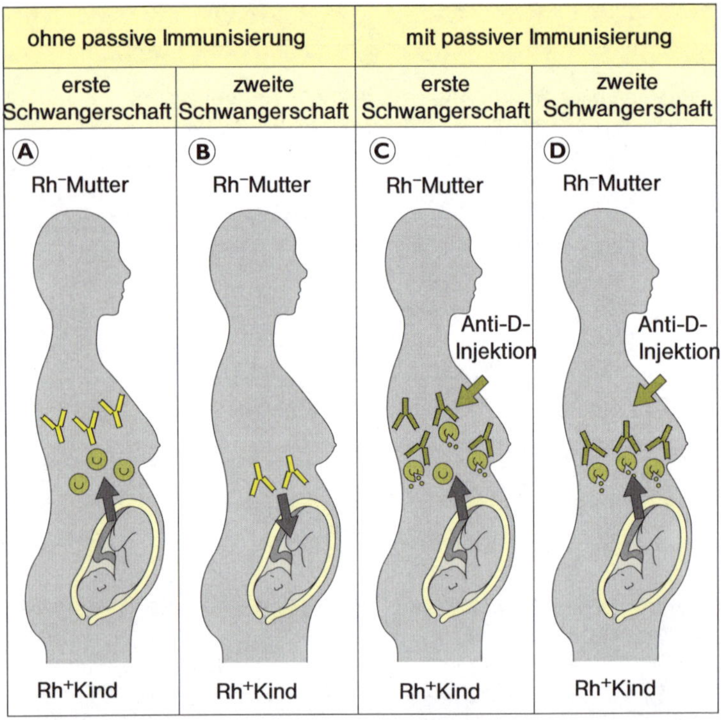

Abb. 52: Hämolytische Krankheit des Neugeborenen und passive Immunisierung. Kommt eine Rh^- Mutter unter der Geburt mit Rh^+ Erythrozyten ihres Kindes in Kontakt, kann sie Anti-Rh-Antikörper bilden (**A**), die das nächste Rh^+ Kind schädigen werden (**B**). Die Antikörperbildung kann durch die Injektion von Anti-Rh-Antikörpern im Anschluß an die erste Geburt verhindert werden: die kindlichen Erythrozyten werden zerstört, bevor sie das mütterliche Immunsystem aktivieren (**C**). Ein zweites Rh^+ Kind wird die Schwangerschaft unbeschadet überstehen (**D**). Natürlich muß die passive Immunisierung der Mutter nach jeder Schwangerschaft mit einem Rh^+ Kind wiederholt werden.

Das Auftreten neuer Fälle mütterlicher Rh-Immunisierung ist seit der Einführung dieser prophylaktischen Behandlung zu Beginn der 70er Jahre dramatisch gesunken.

7.2.6 Reaktionen gegen Medikamente

Wenn sich ein Medikament an die Oberfläche einer Blutzelle bindet, kann dies eine Antikörperreaktion gegen das Medikament und auch gegen die Zellmembran mit dem gebundenen Medikament auslösen. Ein Beispiel dafür ist die hämolytische Anämie, die sich als Folge der Zerstörung von Erythrozyten im Laufe einer Penizillin- oder Sulfonamidbehandlung einstellen kann. Derartige Reaktionen treten allerdings verhältnismäßig selten auf, wenn man die große Zahl der Patienten berücksichtigt, die unter entsprechender Therapie stehen. Bei Personen mit dieser Art der Überempfindlichkeit, wird das Problem durch Absetzen der Therapie leicht gelöst.
In der Vergangenheit kam es unter Behandlung mit Sedormid, einem Sedativum, zu einer thrombozytopenischen Purpura, die auf der Zerstörung der Blutplättchen durch Antikörper beruhte; wegen dieser unerwünschten Reaktion wurde das Medikament vom Markt zurückgezogen. Im Falle der Sedormid-Purpura löste frisches Patientenserum nur in Gegenwart des Medikamentes und von Komplement die Lyse von Thrombozyten aus; dies zeigt, daß der eigentlichen Lyse Interaktionen zwischen Plättchen, Medikament und auch Komplement vorausgehen mußten.

7.2.7 Reaktionen gegen Gewebeantigene

Viele Krankheiten gehen darauf zurück, daß bisher gesunde Personen plötzlich Antikörper bilden, die bestimmte Gewebe oder Zellen schädigen. Die beteiligten Antikörper sind Autoantikörper, und die Krankheiten werden als Autoimmunkrankheiten bezeichnet. Autoantikörper allein sind nicht für die pathologischen Veränderungen aller Autoimmunkrankheiten verantwortlich, da bei vielen Fällen auch T-Lymphozyten mit im Spiel sind. Gute Gründe für die Annahme, daß Antikörper am Weiterbestehen und Fortschreiten von Autoimmunprozessen maßgeblich beteiligt sind, geben Anlaß, einige dieser Krankheiten in diesem Abschnitt zu beschreiben.
Bei dieser Gelegenheit sollte betont werden, daß Autoantikörper vom Immunsystem auch unter physiologischen Bedingungen produziert werden, und daß sie nur bei ganz bestimmten Krankheiten pathologische Auswirkungen haben. Schädigende Antikörper haben eine verhältnismäßig hohe Affinität für ihr Antigen, werden über längere Zeit in großen Mengen gebildet und gehören meist der IgG-Klasse an. Im Gegensatz dazu sind physiologische Autoantikörper meist vom IgM-Typ, besitzen eine niedrige Affinität und kommen nur in geringen Mengen vor. Wir wissen im Grunde wenig über die

Mechanismen, welche die schließlich zur Autoimmunkrankheit führende Immunaktivierung auslösen. Allerdings setzt sich die Erkenntnis durch, daß in gewissen Fällen anscheinend unbeteiligte Infektionen eine wichtige Rolle spielen. Weil wir die Ätiologie der Autoimmunkrankheiten nicht kennen, bezeichnen wir sie als idiopathisch. Offensichtlich bestehen genetische Risikofaktoren – am bekanntesten bei vielen Krankheiten sind MHC-Klasse II-Gene –, doch ihr Einfluß ist wiederum unbekannt. Im Verlaufe der kommenden Dekade werden wir die Entstehung vieler dieser Krankheiten besser verstehen.

Schilddrüse (Thyreoidea) und endokrine Organe. Die Thyreoidea ist eines der Gewebe, das am häufigsten durch Autoantikörper beeinträchtigt wird; die Antikörper richten sich gegen Zellen und Moleküle im endokrinologisch aktiven Gewebe. Der Effekt besteht in Zellschädigung oder -zerstörung, und die Folge sind Krankheiten wie die Hashimoto-Thyreoiditis (Abb. 53). Das Konzept der organspezifischen Autoimmunkrankheiten wurde von Ivan Roitt und Deborah Doniach vor mehr als 30 Jahren eingeführt; die beiden Immunologen wiesen in Patientenseren mit einem einfachen Präzipitationstest in Agargel Antikörper gegen Thyreoglobulin nach.

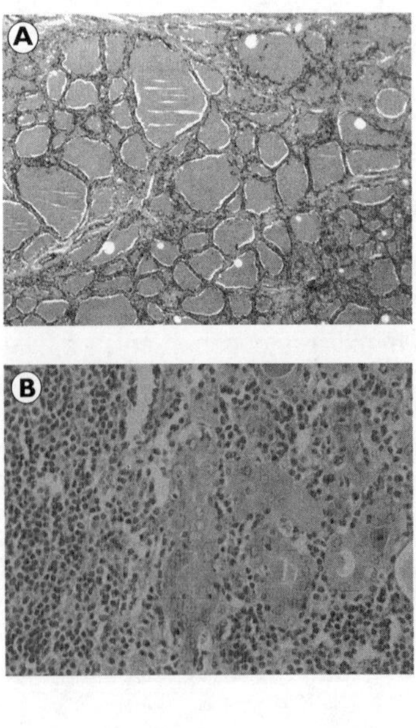

Abb. 53: Die Schilddrüse bei Hashimoto-Thyreoiditis. Die großen Follikel sind ein hervorstechendes Kennzeichen der gesunden Schilddrüse; sie enthalten Kolloid, das für die normale Funktion der Thyreoidea maßgebend ist (**A**). Bei entzündlichen Erkrankungen kommt es zur Infiltration des Drüsengewebes mit Lymphozyten aus dem Blut und zur Zerstörung der Schilddrüsenstruktur. In fortgeschrittenen Stadien findet sich kaum mehr normales Gewebe, und das Drüsengewebe ist fast vollständig durch manchmal in Follikeln organisierte Lymphozyten und Makrophagen ersetzt (**B**). Die Follikelbildung weist auf eine andauernde lokale Immunaktivierung hin. (Abbildungen von Prof. Neville Woolf.)

Auch andere endokrine Organe sind Zielstrukturen für antikörpervermittelte Autoimmunangriffe. Das Spektrum (Tab. 8) schließt Krankheiten von Magen (Antikörper gegen Parietalzellen) und Nebenniere (Antikörper gegen Zellen der Rinde) ein. Weniger lange bekannt sind Autoantikörper gegen Insulin-produzierende Inselzellen des Pankreas, die im Serum gewisser Patienten mit Insulin-abhängigem Diabetes mellitus (IDDM) nachgewiesen werden können. Bei allen diesen Krankheiten stört die immunologische Schädigung der endokrinen Gewebe das hormonelle Gleichgewicht. Medikamente und Hormonersatz wie Insulin sind notwendig zur Wiederherstellung der metabolischen Homöostase. Die Möglichkeit, geschädigte Zellen durch Transplantate zu ersetzen, ist von großem Interesse; gegenwärtig werden besonders bezüglich der Transplantation von Inselzellen bei Diabetes-Patienten große Anstrengungen unternommen.

Basalmembranen und Goodpasture-Syndrom. Gewisse Patienten mit einer Glomerulonephritis (entzündliche Erkrankung der Niere) weisen in ihrem Serum Antikörper gegen die Basalmembran der Glomerulumkapillaren auf (Abb. 54). Die Anlagerung dieser komplementfixierenden IgG-Antikörper löst eine Entzündung (Nephritis) aus, die zur Zerstörung der Kapillarschlingen und damit zur Herabsetzung der Filterfunktion der Niere führt. Goodpasture – ein amerikanischer Pathologe, dessen Name das Syndrom trägt – beobachtete, daß einige der Nierenkranken auch Lungenblutungen aufwiesen. Grund dafür ist eine Antigenverwandtschaft zwischen den Basal-

Tabelle 8: Autoimmune Endokrinopathien
Diese Autoimmunkrankheiten betreffen primär ein bestimmtes Organ oder Gewebe. Sie sind gekennzeichnet durch T- und B-Zellreaktivität (Autoantikörper) gegen Antigene, die nur in den betreffenden Geweben vorhanden sind.

Krankheiten der Schilddrüse	Hashimoto Thyreoiditis Primäres Myxödem Morbus Basedow (Thyreotoxikose)
Krankheiten der Magenschleimhaut	Gastritis mit/ohne perniziöse Anämie Autoimmune Antritis
Weitere Krankheiten	Insulin-abhängiger Diabetes mellitus Morbus Addison (Autoimmun-Adrenalitis) Autoimmun-Hypophysitis Autoimmuner Hypoparathyreoidismus Vitiligo

membranen der Nieren- und Lungenkapillaren: Antikörper gegen Nierenantigen reagieren auch mit Lungenantigen, und umgekehrt.
Bis vor wenigen Jahren nahm das Goodpasture-Syndrom einen unbeeinflußbar fatalen Verlauf: über 90% der Patienten starben an den Folgen der Nieren- und/oder Lungenschädigung. Mit Bekanntwerden der Rolle der Autoantikörper in der Pathogenese der Gewebsschädigung versuchte man die Antikörperproduktion mit Kortikosteroiden und anderen immunsuppressiven Mitteln medikamentös zu hemmen. Die Resultate waren nicht sehr eindrücklich, und erst der Einsatz der Plasmapherese («Blutwäsche») hat den Behandlungserfolg merklich erhöht. Grundüberlegung war die Annahme, der Zustand des Patienten müsse sich nach Entfernen der Antikörper aus dem Blut bessern – wie sich herausstellte, ist dies tatsächlich der Fall. Das Prinzip der Plasmapherese besteht darin, daß dem Patienten ent-

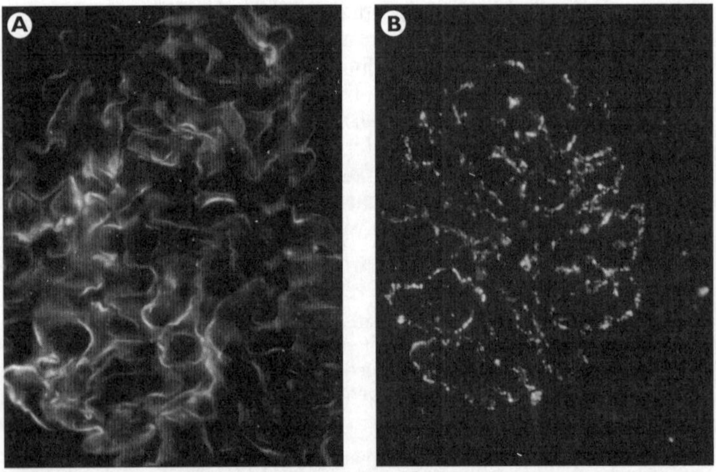

Abb. 54: Immunkomplex-Ablagerungen in der Niere. Immunkomplexe (meist nur Immunglobulin nachweisbar) können sich in der Niere auf verschiedenem Wege bilden oder ablagern. Ihr Nachweis gelingt am einfachsten – wie hier gezeigt – mithilfe von Anti-Immunglobulin-Antikörpern, die mit einem Fluorochrom gekoppelt, unter dem Fluoreszenzmikroskop sichtbar werden. (**A**) Bei Goodpasture Syndrom binden sich Antikörper gegen ein Antigen der Basalmembran in linearer Weise entlang der Glomerulum-Kapillaren. (**B**) Die DNA-Anti-DNA-Komplexe bei systemischem Lupus erythematodes werden andererseits in granulärer Form entlang den Kapillaren und im Mesangium abgelagert.

nommenes Blut kontinuierlich zentrifugiert und das zellfreie, antikörperhaltige Plasma verworfen wird; die Blutzellen werden gewaschen und dem Patienten mit frischem, antikörperfreiem Plasma reinfundiert.
Die Technik der Plasmapherese wird heute auch bei anderen Krankheiten, bei denen Gewebeschäden durch Antikörper oder Toxine hervorgerufen werden, mit unterschiedlichem Erfolg eingesetzt. Die erzielten Resultate sind bei gewissen Fällen von Myasthenia gravis, hämolytischer Anämie und Kryoglobulinämie sehr ermutigend, jedoch nicht so dramatisch wie bei Goodpasture-Syndrom.
Myasthenia gravis. Bei der Stimulation der Muskelkontraktion durch physiologische nervöse Impulse spielt die Freisetzung von Azetylcholin (ACh) an den Nervenendigungen eine zentrale Rolle: freigesetztes ACh diffundiert über die neuromuskuläre Synapse zur Muskelendplatte, wo es sich an ACh-Rezptoren bindet. Die extreme Muskelschwäche bei Myasthenia gravis beruht darauf, daß die Patienten spezifische Antikörper gegen die ACh-Rezeptoren der Muskelendplatte produzieren. Dadurch wird die Impulsübermittlung zur Auslösung der Muskelkontraktion gestört oder verhindert (Abb. 55), und zwar aus zwei Gründen. Einerseits verunmöglicht die Besetzung der ACh-Rezpetoren durch Antikörper eine Bindung von ACh, und andererseits führt die Komplementaktivierung durch den fixierten Antikörper zur Zerstörung der Rezeptoren. Es überrascht daher nicht, daß Patienten mit Myasthenia gravis schwache und leicht ermüdbare Muskulatur, in fortgeschrittenem Stadium sogar Lähmungen aufweisen.
Mit der medikamentösen Behandlung versucht man, über eine Blokkierung der Azetylcholinesterase, das ACh-abbauende Enzym, dem Patienten mehr Azetylcholin für die neuromuskuläre Reizübermittlung zur Verfügung zu stellen. Unterstützend erwiesen sich auch einige immunologische Therapieformen wie Immunsuppression, Thymektomie und Plasmapherese als hilfreich. Der Einsatz der Thymektomie beruht auf Hinweisen für die Beteiligung von T-Lymphozyten, deren Rolle allerdings noch unklar ist.

7.2.8 Blutzellen

Bereits erwähnt wurden die speziellen Formen hämolytischer Anämien, die durch die Adsorption von Medikamenten an die Erythrozytenoberfläche ausgelöst werden. Daneben kennt man jedoch verschiedene Krankheiten, bei denen Autoantikörper gegen normalerweise vorhandene Antigene von Erythrozyten, Thrombozyten und Leukozyten gebildet werden. So führen beispielsweise Antikörper

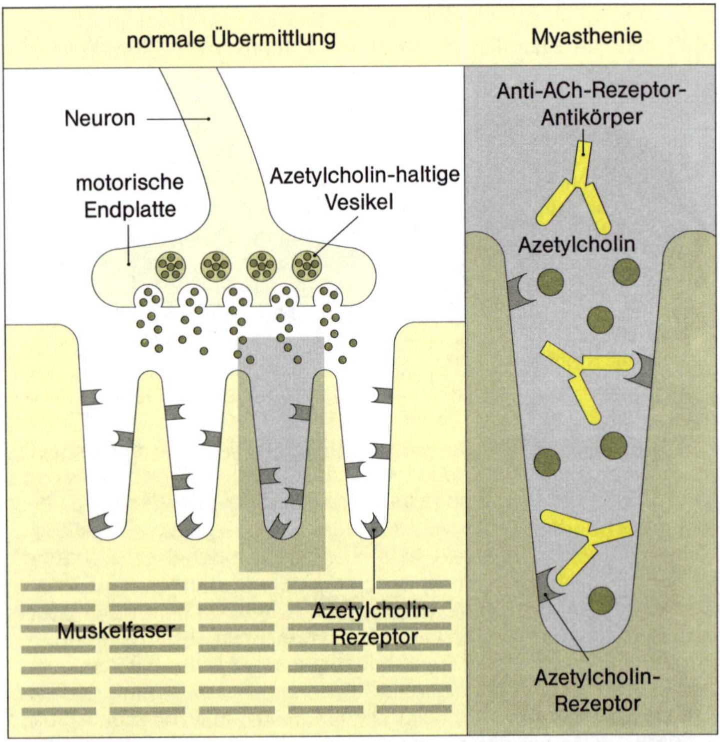

Abb. 55: Die Mechanismen, welche die nervöse Reizübertragung bei Myasthenia gravis verhindern. Unter normalen Bedingungen verursacht ein nervöser Impuls, der die motorische Endplatte erreicht, die Fusion Azetylcholin-haltiger Vesikel mit der neuronalen Zellmembran und die Freisetzung von Azetylcholin (ACh). Freigesetztes ACh diffundiert in Richtung Muskelzelle und bindet sich an ACh-Rezeptoren; die Rezeptorbindung führt zur Öffnung von Ionenkanälen in der Muskelmembran und zur Auslösung der Muskelkontraktion. Bei Myasthenia gravis behindern Antikörper gegen die ACh-Rezeptoren die Bindung von ACh, was zur Beeinträchtigung der Muskelfunktion und manchmal zu Lähmungen führt.

gegen Erythrozytenantigene zur Komplement-induzierten Zerstörung der roten Blutzellen und damit zur klinisch manifesten hämolytischen Anämie. In einigen Fällen werden derartige Autoantikörper als Folge einer Infektion gebildet; ein gutes Beispiel dafür sind Strep-

tokokken-Infekte, die bei einigen unglücklichen Patienten nicht nur hämolytische Anämien verursachen, sondern auch Glomerulonephritiden und rheumatische Herzkrankheiten. Jede dieser Affektionen beruht auf dem Vorhandensein kreuzreagierender Antikörper, deren Bildung primär auf die Reaktion gegen infektiöse Mikroorganismen zurückgeht.
In Zusammenhang mit Allergien als Folge von Reaktionen gegen Medikamente wurden die Zerstörung von Blutplättchen und die daraus entstehende Thrombozytopenie erwähnt; in vielen Fällen kennt man jedoch die Ursache für die Bildung von Plättchenantikörpern nicht (idiopathische Thrombozytopenien). Im Verlaufe verschiedener Krankheiten werden auch Autoantikörper gegen Lymphozytenantigene produziert; die pathogenetische Rolle dieser Antikörper ist unklar.

7.3 Immunkomplex-Überempfindlichkeit (Typ III)

Als Folge der *in vivo* (im Körper) ablaufenden Reaktionen zwischen Antigenen und Antikörpern bilden sich Immunkomplexe, die eine Reihe von Vorgängen auslösen, welche normalerweise mit der Phagozytose des Antigens durch Zellen des Monozyten/Makrophagensystems abgeschlossen werden. In gewissen Fällen läuft dieser Prozeß in übersteigerter Form ab und verursacht gewebeschädigende Entzündungsreaktionen. Bei lokalisiertem Ablauf spricht man von Arthus-Reaktion, bei generalisierter Ausbreitung von Serumkrankheit (Abb. 56). Man muß sich jedoch daran erinnern, daß die Bildung von Immunkomplexen im Grunde ein physiologischer und protektiver Vorgang ist. Schon nach einer gewöhnlichen Mahlzeit steigt der Blutspiegel der Immunkomplexe im Rahmen einer normalen physiologischen Reaktion an, ohne daß ein Gewebeschaden entsteht: im Darmbereich aufgenommene Makromoleküle können so aus der Blutzirkulation entfernt werden. Entzündungsauslösende Immunkomplexe entstehen nur dann, wenn sich der Körper während längerer Zeit mit großen Antigenmengen auseinandersetzen muß wie beispielsweise bei chronischen viralen oder bakteriellen Infekten sowie bei Bestehen einer Autoimmunität (Tab. 9).

7.3.1 Allgemeine Mechanismen der Immunkomplex-Überempfindlichkeit

Die Bildung großer Mengen von Immunkomplexen kann zu einer Überlastung des Phagozytensystem führen. Dies hat zur Folge, daß

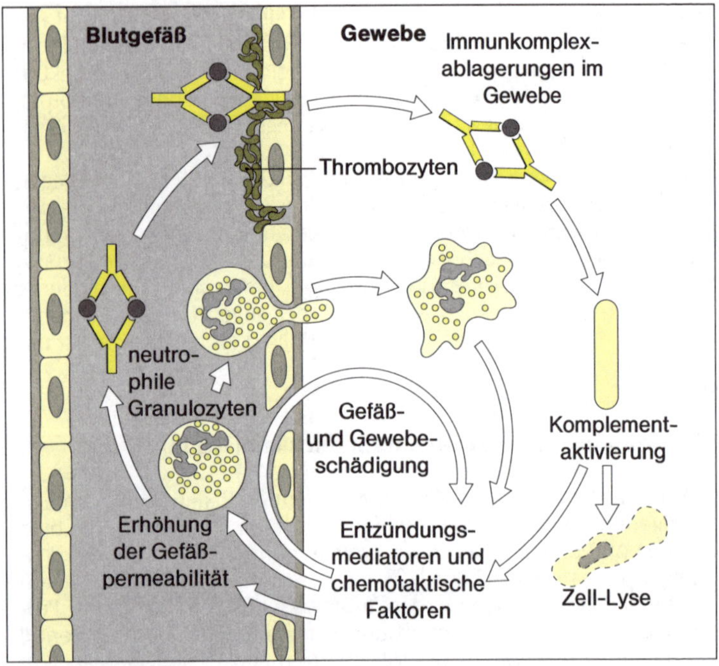

Abb. 56: Die Mechanismen der Immunkomplex-induzierten Überempfindlichkeit. Im Gewebe abgelagerte Antigen-Antikörper-Komplexe können eine Komplementaktivierung auslösen. Die während des Aktivierungsvorgangs gebildeten Entzündungsmediatoren erhöhen einerseits die Gefäßpermeabilität, was die weitere Komplexablagerung begünstigt, und andererseits wirken sie auf neutrophile Granulozyten chemotaktisch. Die eingewanderten Leukozyten verursachen Gefäß- und Gewebeschäden, wodurch noch mehr entzündungsaktive Substanzen produziert werden. Aktiviertes Komplement kann direkt gewebeschädigend wirken, indem es Zellen mit anhaftenden Antikörpern oder Immunkomplexen lysiert. (Ausführlichere Angaben über den Vorgang der Zellwanderung finden sich in *Abbildung 5*.)

Komplexe in hoher Konzentration länger in Zirkulation bleiben, und daß sie in empfindlicher Lokalisation, z.B. in den Kapillarschlingen der Glomerula, abgelagert werden. Erythrozyten tragen zur Entfernung von Immunkomplexen bei, indem sie diese an ihre Komplementrezeptoren (CR1) binden und zu Leber und Milz transportieren, wo ortsständige Makrophagen Komplexe und Rezeptoren abbauen.

Tabelle 9: Verschiedene Arten von Immunkomplexkrankheiten
Diese vereinfachte Darstellung sehr komplexer Krankheitsprozesse weist auf die hauptsächlichen Organe hin, die bei verschiedenen Immunkomplexkrankheiten betroffen sind.

Ätiologie	Antigen	Ort der Komplexablagerung
Persistierende Infektion	Mikrobielle Antigene	Infiziertes Organ, Niere
Autoimmunkrankheit	Körpereigene Antigene	Niere, Gelenke, Haut, Arterien
Inhaliertes Material	Extrinsische Umweltantigene	Lunge

Jeder Erythrozyt besitzt etwa 700 derartige Rezeptoren; bei Immunkomplexkrankheiten beobachtet man eine stetige Abnahme der Rezeptorzahl per Zelle, was die Wirksamkeit der physiologischen Vorkehren zur Elimination der Komplexe zusätzlich beeinträchtigt.
Zum Verständnis der pathogenetischen Mechanismen der Immunkomplexkrankheiten ist wichtig festzuhalten, daß die langdauernde Persistenz größerer Mengen an Immunkomplexen in der Zirkulation an sich keinen Schaden verursacht. Probleme entstehen erst dann, wenn sich Komplexe in den Geweben ablagern.
Immunkomplexe lösen eine ganze Reihe entzündlicher Vorgänge aus. Erstens führt die komplexvermittelte Aktivierung des Komplementsystems zur Bildung der Anaphylatoxine C3a und C5a, welche ihrerseits die Freisetzung von Histamin und anderer Entzündungsmediatoren aus Mastzellen und basophilen Granulozyten auslösen. Zweitens werden Substanzen gebildet, die auf neutrophile Granulozyten und Monozyten chemotaktisch wirken. Die Summe der durch diese Mediatoren verursachten entzündlichen Reaktionen hat eine Erhöhung der Gefäßpermeabilität zur Folge, wodurch sich Zellen und Flüssigkeit in den Geweben ansammeln. Drittens können Immunkomplexe mit Fc-Rezeptoren von Thrombozyten reagieren, was die Plättchenaggregation und Bildung eines Blutpfropfes (Thrombus) bewirkt; dabei werden auch vasoaktive Substanzen freigesetzt, was zur zusätzlichen Steigerung der Gefäßdurchläßigkeit führt. Die verschiedenen Mechanismen sind in Abb. 56 dargestellt; aus diesem Schema geht auch klar die Bedeutung hervor, welche den Gefäßwänden als Ort der Immunkomplexablagerung zukommt.

7.3.2 Arthus-Reaktion

Menschen oder Tiere mit hohen Blutspiegeln an spezifischen Antikörpern reagieren auf die subkutane Injektion des entsprechenden Antigens mit der Bildung einer geröteten, ödematösen Schwellung am Injektionsort, die nach 4–10 Stunden erscheint und meistens nach einem Tag verschwindet. Mikroskopisch finden sich in der Läsion viele neutrophile Granulozyten. Das injizierte Antigen bildet mit den vorhandenen Antikörpern Komplexe, die sich in den Wänden der Hautgefäße ablagern, Komplement aktivieren und die eben beschriebene Entzündungskaskade auslösen. Die Arthus-Reaktion bleibt aus, wenn entweder nicht genügend Granuloyzten oder zu wenig Komplement verfügbar sind; dies weist auf die Bedeutung dieser beiden Komponenten hin.

7.3.3 Überempfindlichkeitskrankheiten der Lunge

Die Arthus-Reaktion im engeren Sinn ist die Folge einer recht künstlich herbeigeführten Situation, weist aber auf die schädigenden Mechanismen hin, die beispielsweise auch bei der Enstehung von Lungenkrankheiten eine Rolle spielen können. Atmet ein Patient mit einem hohen Spiegel an zirkulierenden IgG-Antikörpern das spezifische Antigen ein, bilden sich auf der Schleimhautoberfläche der Lunge Immunkomplexe, die einen Gewebeschaden auslösen (Abb. 57). Die dadurch hervorgerufenen Atembeschwerden treten in einem zeitlichen Verlauf auf, der demjenigen der Arthus-Reaktion der Haut entspricht: die Symptome beginnen 4–10 Stunden nach Exposition und verschwinden innerhalb der nächsten 24 Stunden. Die Lunge unterscheidet sich in immunologischer Hinsicht insofern von der Haut, als der Zustand der «Überempfindlichkeit» als Folge der Schleimhautentzündung über mehrere Tage anhält.

Die Farmerlunge entsteht aufgrund von Antikörpern, die als Reaktion auf die Inhalation von Bakterienantigenen in schimmligem Heu gebildet wurden; mit Extrakten dieser Mikroorganismen kann in der Haut betroffener Personen eine Arthus-Reaktion ausgelöst werden. Ähnliche Schädigungsmuster der Lunge werden bei der Taubenzüchter-Krankheit sowie bei verschiedenen Berufskrankheiten wie Käsewäscherkrankheit oder Kürschnerlunge beobachtet; in jedem dieser Fälle wird das Antigen inhaliert. Die auslösenden Antigene sind zwar verschieden, die pathogenetischen Mechanismen jedoch identisch.

Bei der allergischen Bronchopneumopathie, einer Form der Aspergillose, finden wir eine Mischung von Überempfindlichkeitsreaktionen: die Patienten leiden gleichzeitig an einer IgE-vermittelten (Typ I-) Al-

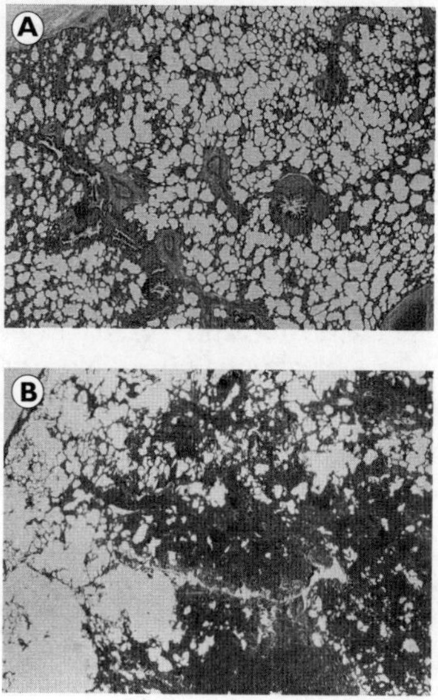

Abb. 57: Farmerlunge – durch Immunkomplexe verursachte Schädigung. Nach längerdauernder Inhalationsexposition mit Bestandteilen des thermophilen Bakteriums *Micropolyspora faenii*, das z. B. in feuchtem Heu auftritt, erscheinen im Blut nachweisbare IgG-Antikörper. Bei jeder weiteren Exposition bilden bakterielle Antigene und vorhandene Antikörper in der Lunge Immunkomplexe, die Komplement binden und eine Entzündungskaskade aktivieren, welche den Influx von Zellen, insbesondere Granulozyten, verursacht. Dies wiederum führt zu erheblicher entzündlicher Schädigung der Alveolen und zu fibrosierenden Veränderungen des umliegenden Gewebes. (A) zeigt einen Querschnitt durch normales Lungengewebe mit intakten, lufthaltigen Alveolen. Auf einem entsprechenden Schnitt durch eine Farmerlunge (B) sieht man deutlich die entzündliche Infiltration des Lungengewebes mit Zerstörung der Alveolen.

lergie gegen *Aspergillus fumigatus*, Asthma und einer Immunkomplex-Überempfindlichkeit (Typ III), die gemeinsam für die Lungenschädigung verantwortlich sind. Der in den Lungen verbleibende Pilz sorgt zudem für eine andauernde Antigenstimulation.

7.3.4 Serumkrankheit

In früheren Jahren wurden Personen, die sich bei Garten- oder Stallarbeit verletzten, routinemäßig mit einer Injektion von Pferdeantikörpern gegen die Folgen einer möglichen Tetanusinfektion geschützt; in analoger Weise wurden die toxischen Begleiterscheinungen der Diphtherie bekämpft. In beiden Fällen war der Schutz, der mit dieser passiven Immunisierung und zusätzlicher Antibiotikatherapie erzielt wurde, recht gut. Die auf diese Weise behandelten Patienten reagierten jedoch fast immer mit einer kräftigen Immunantwort gegen die körperfremden Pferdeimmunglobuline, sodaß sich bei wiederholter

Behandlung enorme Mengen von Immunkomplexen – manchmal mit katastrophalen Folgen – bildeten. Diese Sekundärfolgen werden als Serumkrankheit bezeichnet, und die Prozesse, die sich nach dem Erstkontakt mit den Fremdproteinen abspielen, sind in Abb. 58 aufgezeichnet.

Patienten mit einer Allergie gegen Antibiotika können bei Kontakt mit dem Antigen der Serumkrankheit vergleichbare Reaktionen zeigen. Die unter diesen Umständen gebildeten Immunkomplexe lagern sich in verschiedenen Körpergeweben ab und verursachen eine generalisierte, schwere Systemkrankheit. Damit Komplexe entzündliche Reaktionen hervorrufen können, müssen sie die richtige Größe aufweisen. Zu große Komplexe werden sofort durch Makrophagen aus der Zirkulation genommen, sind sie zu klein, werden sie nur langsam aus dem Blut entfernt, verursachen aber keine Entzündung.

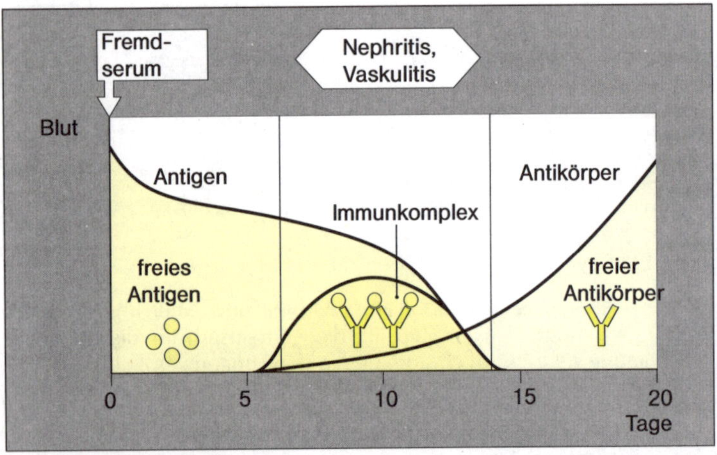

Abb. 58: Serumkrankheit. Nach der Infektion von artfremdem Serum bilden Menschen und andere Säuger Antikörper gegen Proteinantigene des Fremdserums, die nach ungefähr fünf Tagen im Blut nachgewiesen werden können. Diese Antikörper bilden mit den injizierten Proteinen Immunkomplexe, und sobald dies geschieht, machen sich die Symptome der Serumkrankheit bemerkbar. Diese Symptome werden verursacht durch Komplexe, die sich in Blutgefäßen (Vaskulitis), insbesondere Nierenkapillaren (Nephritis), ablagern. Später, wenn die Antikörpertiter ansteigen und die Serumkonzentration der Antigene abnimmt, verschwinden die Symptome. Dies zeigt, daß die biologische – in diesem Fall: pathogene – Wirkung der Immunkomplexe durch die relative Konzentration von Antigen und Antikörper bestimmt wird.

Komplexe geeigneter Größe lagern sich als Folge von Permeabilitätsveränderungen in Gefäßwänden ab; zur Steigerung der Gefäßpermeabilität führen wahrscheinlich Plättchenaggregation und Serotoninfreisetzung oder die Komplement-vermittelte Degranulierung von Mastzellen und basophilen Granulozyten mit Freisetzung von Histamin, Leukotrienen und Plättchen-aktivierendem Faktor (PAF). Die Wirkung der Entzündungsmediatoren erlaubt den Komplexen, sich zwischen den Endothelzellen im Bereich der Basalmembranen von Haut, Gelenken, Nieren und Herz abzulagern. Im Falle eines einzigen Antigenkontakts wird Antigen aus der Zirkulation entfernt, sobald die Antikörperproduktion genügendes Ausmaß angenommen hat; größte Schwierigkeiten stellen sich bei wiederholter oder kontinuierlicher Antigenexposition ein.

7.3.5 Immunkomplex-Krankheiten der Niere

Bei viele Arten von Glomerulonephritis sind Immunkomplexe in den Kapillarschlingen der Glomerula nachweisbar (Abb. 54).
Derartige Immunkomplexablagerungen werden manchmal im Anschluß an einen durchgemachten Infekt mit bestimmten Streptokokkenstämmen und auch bei Fällen von Malaria beobachtet. Auch Immunkomplexe, die bei gewissen Patienten mit Antikörpern gegen Medikamente entstehen, lagern sich vorzugsweise in der Niere ab. Patienten mit einer «graft-versus-host»-Krankheit nach Knochenmarktransplantation weisen ebenfalls Immunkomplexe in der Niere auf. Im Verlaufe chronischer Infektionen mit Hepatitis B-Virus sowie bei weiteren Virusinfekten kommt es zu Komplexablagerungen in Nierenarterien; das lymphozytäre Choriomeningitis-Virus (LCMV) kann beispielsweise eine echte Immunkomplex-induzierte Glomerulonephritis auslösen. Bei vielen Krankheiten scheinen die in der Niere abgelagerten Immunkomplexe keinen nennenswerten Schaden anzurichten; ihre Anwesenheit in der Niere muß als Teil der physiologischen Prozesse interpretiert werden, mit deren Hilfe Immunkomplexe aus der Zirkulation entfernt werden.
Systemischer Lupus erythematodes (SLE). Bei Patienten mit SLE entwickelt sich sehr häufig eine Immunkomplex-Nephritis (Abb. 54B). In den Glomerula finden sich Ablagerungen von DNA und Anti-DNA Antikörpern, aber der Nachweis zirkulierender Immunkomplexe gelingt praktisch nie. Die wahrscheinliche Erklärung dafür ist die, daß sich DNA unspezifisch an die Basalmembran der Nierenkapillaren bindet und zirkulierende Antikörper zur Komplexbildung *in situ* abfängt. Die genau gleiche Sequenz zeigt sich bei Mäusen nach der Injektion von bakteriellem Endotoxin: der durch Endotoxin indu-

zierte Zelluntergang führt zur Freisetzung großer Mengen von DNA, die sich an Kollagen der glomerulären Basalmembran bindet, und zu diesem Zeitpunkt injizierte Anti-DNA-Antikörper bilden mit der gebundenen DNA Immunkomplexe. Wir kennen daher mindestens zwei Mechanismen der Komplexablagerung im Gewebe: Komplexe sind entweder vorgebildet im Blut vorhanden oder werden sequentiell am Ort der späteren Schädigung aufgebaut.
Bei SLE führen zudem entzündungsauslösende Komplexablagerungen in der Haut zur charakteristischen Hautveränderung und im Bereiche der Blut-Hirn-Schranken zu neurologischen Komplikationen. Die Gründe für die hohe Produktionsrate von Anti-DNA-Antikörpern bei SLE-Patienten ist unbekannt; möglicherweise wird diese Autoimmunkrankheit durch eine bisher nicht identifizierbare Infektion ausgelöst.

7.4 Überempfindlichkeitsreaktionen vom Spättyp (Typ IV)

Die schädigenden Mechanismen aller bisher erwähnten Formen der Überempfindlichkeit werden durch Antikörper vermittelt. Obschon auch T-Zellen bei den Typen I-III in vielen Fällen über ihre Beihilfe zur Antikörperproduktion mitbeteiligt sind, spielen sie beim Zustandekommen des Gewebeschadens keine Rolle. Überempfindlichkeitsreaktionen vom Spättyp dagegen werden ausschließlich durch T-Lymphozyten vermittelt, und T-Zellen sind auch für die Gewebeschädigung direkt verantwortlich. Die Reaktion wird als verspätet bezeichnet, weil sich die Reaktion nach Antigenkontakt vergleichsweise langsam entwickelt. Offensichtlich bestehen Zusammenhänge zur protektiven Immunfunktion der T-Lymphozyten, wobei Schutz und Überempfindlichkeit nicht immer zusammenfallen. T-Lymphozyten, die für das Zustandekommen der Spättyp-Reaktion sorgen, wurden bei einem früheren Antigenkontakt spezifisch sensibilisiert; sie sind im wesentlichen für die Rekrutierung anderer Zellen an den Reaktionsort verantwortlich. In den meisten Fällen scheint es sich um $CD4^+$ Tdth-Lymphozyten (auch TH1-Zellen genannt) zu handeln, welche durch Sekretion ausgewählter Zytokine wie IL-2 und INF-γ die für die Überempfindlichkeit vom Spättyp charakteristischen Läsionen verursachen. Die Aktivität der Tdth-Zellen steht wahrscheinlich unter der Kontrolle anderer $CD4^+$ T-Lymphozyten (TH2-Zellen), die IL-4 und IL-10 freisetzen. Man kann sich daher gut vorstellen, daß das Gleichgewicht zwischen protektiver und schädigender Immunität die Art und Weise der Interaktionen verschiedener Lymphozytenpopulationen widerspiegelt.

Man kennt drei Formen der Spättyp-Überempfindlichkeit: die ersten beiden, Kontakt-Überempfindlichkeit und Reaktionen vom Tuberkulin-Typ, entwickeln sich innerhalb von 72 Stunden nach Antigenkontakt, während die dritte, eine granulomatöse Entzündungsreaktion, erst im Verlaufe mehrerer Wochen entsteht. Die aus einer Ansammlung proliferierender Makrophagen bestehenden Granulome bleiben während Wochen und Monaten bestehen. Überschneidungen zwischen den verschiedenen Formen der T-Zell-vermittelten Überempfindlichkeit kommen, ähnlich wie bei Antikörper-vermittelten Reaktionstypen, häufig vor; es kann sogar nach einer einzigen Antigenstimulation zu sequentiellen Übergängen von einer Form zur anderen kommen.

7.4.1 Allergische Kontaktdermatitis und Ekzem

Die Kontakt-Überempfindlichkeit manifestiert sich in erster Linie in der Epidermis, im Gegensatz zu Reaktionen vom Tuberkulin-Typ, die sich in der Unterhaut abspielen; die grundlegenden Mechanismen beider Formen sind jedoch gleichermassen typisch für die Spättyp-Überempfindlichkeit (Abb. 59). *Langerhans-Zellen* spielen bei Kontaktallergie die Rolle der wesentlichen antigenpräsentierenden Zellen; sie sind auch von zentraler Bedeutung bei einer anderen Hautkrankheit – dem atopischen Ekzem. Die Reaktion ist gekennzeichnet durch lokale Rötung und Bildung kleiner Blasen, die sich an Kontaktstellen entwickeln. Bei den Allergenen handelt es sich hierzulande meistens um kleine Moleküle (Haptene) wie Nickel, Chromate und bestimmte Haarfärbemittel, während in den USA zudem Pflanzen wie «poison ivy» und «poison oak» von großer Bedeutung sind.
Unter den Personen, die beruflich sensibilisierenden Antigenen ausgesetzt sind, kommt es nur bei einem kleinen Prozentsatz zur Sensibilisierung, und die Zeit bis zum Manifestwerden der Überempfindlichkeit ist vom Allergen abhängig. Bei Maurern, die chromathaltigem Zement ausgesetzt sind, dauert die Sensibilisierungsphase manchmal mehr als zehn Jahre; andererseits kann sich bei Friseuren eine Überempfindlichkeit gegen *p*-Phenylendiamin in Haarfarben schon innert weniger Monate einstellen. Gewisse Haptene wie Dinitrochlorbenzol (DNCB) wirken bei fast allen Exponierten sensibilisierend.
Einige der Patienten mit Hautekzemen stellen fest, daß sich der Zustand ihrer Haut bei Sonnenexposition bessert. Der Grund liegt mit großer Wahrscheinlichkeit darin, daß UV-Bestrahlung die Langerhans-Zellen in der Haut zerstört oder funktionell so schädigt, daß sie ihre Aufgabe der Antigenpräsentation nicht mehr erfüllen können. Un-

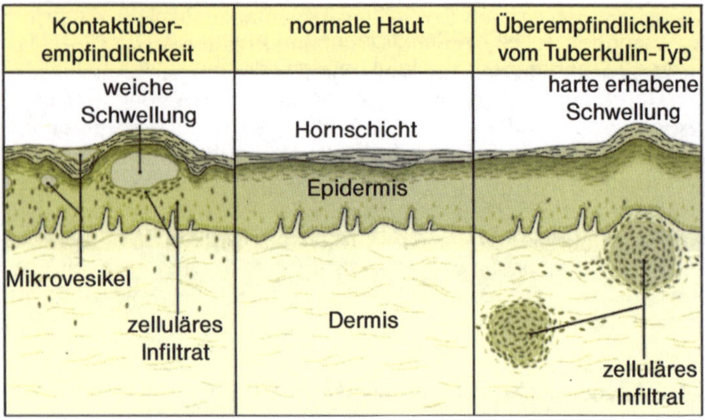

Abb. 59: Kontakt- und Tuberkulin-Überempfindlichkeit. Die Immunantwort bei Kontakt-Überempfindlichkeit und bei Tuberkulinreaktionen wird durch Zellen vermittelt. Das morphologische Bild ist jedoch verschieden: Bei der Kontaktallergie wird die Epidermis von Lymphozyten und Makrophagen infiltriert und verdickt; kennzeichnend für die Kontaktdermatitis ist die Bildung von intraepidermalen Mikrovesikeln und eines Epidermisödems, die sich als kleine Bläschen und weiche, gerötete Schwellung auf der Haut manifestieren. Bei der Tuberkulinreaktion findet sich das entzündliche Infiltrat in der Dermis. Es resultiert eine derbe Schwellung (Induration) und Rötung der Haut am Ort des Tuberkulintests.

glücklicherweise zeigen andere Ekzemträger eine gegenteilige Reaktion auf Sonnenbestrahlung: es entwickelt sich ein juckender Hautausschlag, und tatsächlich können sich auch Personen ohne Atopie eine Überempfindlichkeit gegen UV-Strahlen zuziehen.

7.4.2 Überempfindlichkeit vom Tuberkulin-Typ

Patienten, die eine Tuberkulose überstanden haben oder mit BCG geimpft wurden, besitzen T-Lymphozyten, die Tuberkulin erkennen. Nach Injektion von Tuberkulin (ein gereinigter Extrakt von *Mycobacterium tuberculosis*) in die Haut wandern T-Zellen aus den Kapillaren am Injektionsort aus, und es bildet sich ein zelluläres Infiltrat, das nach 48 Stunden seine größte Ausdehnung aufweist. Die damit einhergehende lokale Induration (derbe, erhabene Schwellung) unterscheidet sich grundsätzlich von Ödem (weicher Wall) und Hautverfärbung bei atopischen Hautreaktionen (Abb. 59).

Die ersten Makrophagen, wahrscheinlich die wichtigsten antigenpräsentierenden Zellen bei Reaktionen vom Tuberkulin-Typ, erscheinen etwa 12 Stunden nach der Injektion in der Nähe kleiner Blutgefäße, und ihre Zahl nimmt während der nächsten 48 Stunden kontinuierlich zu (Abb. 60). Wenn das Antigen im Gewebe verbleibt, kann im

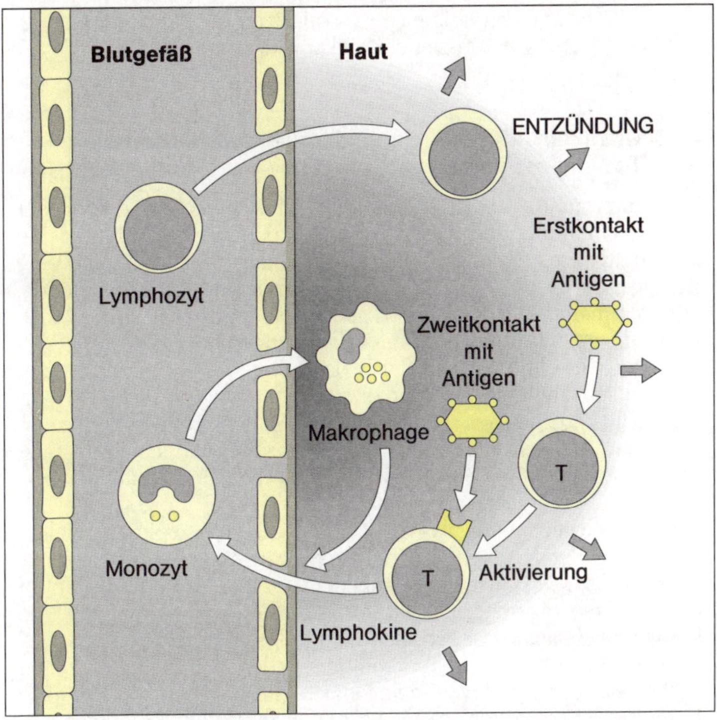

Abb. 60: Die Mechanismen der Überempfindlichkeit vom Tuberkulin-Typ. Die Injektion von Tuberkulin in die Haut eines immunen Individuums löst eine beträchtliche Zellwanderung aus. Lymphozyten verlassen die Blutgefäße und sammeln sich in der Haut an; gleichzeitig wandern Makrophagen und Langerhans-Zellen aus der Epidermis an den Infektionsort. Nach einem 48-Stunden-Intervall hat das zelluläre Infiltrat, das vor allem in der Dermis liegt, seine größte Ausdehnung erreicht. Epidermiszellen über dem Entzündungsort exprimieren MHC-Klasse II-Moleküle und können zugrunde gehen (Ulzerierung). In typischen Fällen weist die Haut einen geröteten, knotigen Aspekt auf – das Markenzeichen des Tuberkulin-Hauttests.

weiteren Verlauf eine granulomatöse Läsion entstehen. Dieser Typ der Überempfindlichkeit tritt zwar klinisch bei Tuberkulose in Erscheinung, zeigt sich aber auch nach Kontakt mit vielen mikrobiellen und nicht-mikrobiellen Antigenen. Die eigentliche protektive Bedeutung dieses Reaktionsmusters besteht darin, daß dadurch infektiöse Mikroorganismen an der Ausbreitung gehindert und, wenn möglich, vernichtet werden können. Die Tatsache, daß dieser Schutzmechanismus nicht immer erfolgreich ist, spricht für die Anpassungsfähigkeit und Überlebenskünste der Krankheitserreger.

7.4.3 Granulomatöse Überempfindlichkeitsreaktion bei Tuberkulose und Lepra

Die granulomatöse Entzündung ist die klinisch wichtigste Form der Spättyp-Überempfindlichkeit, da sie für den Gewebeschaden bei Krankheiten verantwortlich ist, bei denen die T-Zell-Immunität eine pathogenetische Rolle spielt. Beispiele dafür sind Kavernenbildung, Verkäsung und systemische Folgeerscheinungen bei Tuberkulose sowie die granulomatösen Hautveränderungen bei Lepra.
Mikroskopisch unterscheidet sich das tuberkulöse Granulom vom Bild bei selbstlimitierten Tuberkulinreaktionen (das lösliche Antigen wird abgebaut), da es sich beim auslösenden Antigen um einen lebenden, sich vermehrenden Mikroorganismus handelt. Die Anwesenheit von Epitheloidzellen ist typisch für die granulomatöse Überempfindlichkeitsreaktion; es handelt sich um große, abgeflachte Zellen mit reichlich endoplasmatischem Retikulum. Epitheloidzellen können zu Riesenzellen verschmelzen wie beispielsweise zu *Langhans-Riesenzellen* (nicht mit Langerhans-Zellen zu verwechseln) in tuberkulösen Läsionen. Die Riesenzellen sind mehrkernig, und die Kerne sind häufig in der Peripherie der Zelle lokalisiert.
Im Zentrum des typischen Granuloms finden sich Epitheloidzellen und Makrophagen sowie gelegentlich Riesenzellen. Tuberkulöse Granulome sind zudem häufig gekennzeichnet durch eine zentrale Nekrose mit völliger Zerstörung der Zellstrukturen (Abb. 61). Das rundliche Gebilde wird von einem Lymphozytenwall umschlossen; die manchmal beobachtete bindegewebige Reaktion in der Peripherie grenzt den persistierenden Infektionsherd zusätzlich ab. Bei Tuberkulose treten Granulome in verschiedenen Geweben auf, nämlich überall dort, wo Mykobakterien hingelangen; dabei stehen die Lungenläsionen klinisch meistens im Vordergrund.
Ein anderer Typ von Granulom wird durch nichtantigene, von Makrophagen nicht abbaubare Partikel (z. B. inorganischer Talk) hervorgeru-

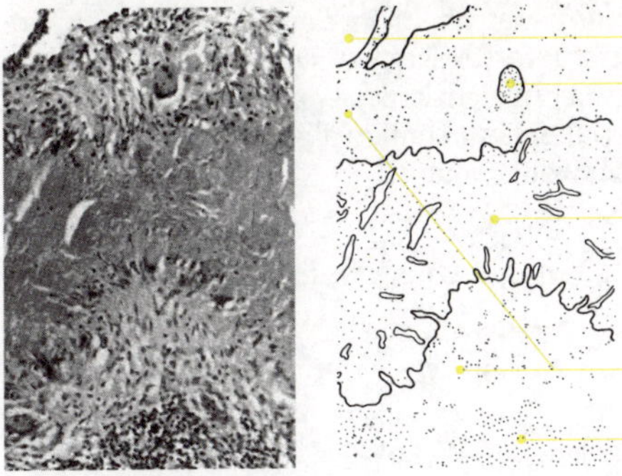

Abb. 61: Tuberkulöse Lungenveränderungen. Bei Tuberkulose kommt es zu Granulombildung in Lunge, Haut und anderen betroffenen Organen. Die Reaktion ist häufig von peripherer Fibrosierung begleitet. Histologisch weist das Granulom im Zentrum häufig einen käsigen Nekroseherd auf, der von Epitheloidzellen und einzelnen mehrkernigen Riesenzellen umgeben ist; die Lymphozyten des begrenzenden Randsaumes zeigen Zeichen erhöhter Aktivität.

fen; bei derartigen Fremdkörpergranulomen fehlt in der Regel die zentrale Nekrose sowie der periphere Lymphozytenmantel.
Bei Lepra beruht die protektive Immunität allein auf der Aktivität von T-Lymphozyten und Makrophagen; Antikörper spielen keine Rolle. Die Reaktionsformen der mit *Mycobacterium leprae* Infizierten weisen zwei Extreme auf: entweder ist die Immunantwort gut («tuberkuloide Lepra») oder sie fehlt fast vollständig («lepromatöse Lepra»); bei Reaktionen zwischen diesen Extremen spricht man von »borderline«-Lepra. Wir haben auf die Rolle von Zytokin-produzierenden T-Lymphozyten bei der Spättyp-Überempfindlichkeit bereits hingewiesen. Im Falle der Lepra scheint es sich so zu verhalten, daß bei Überwiegen der IL-2- und IFN-γ-Bildung eine «tuberkuloide» Antwort, bei Vorherrschen von IL-4 und IL-10 das Bild der lepromatösen Lepra entsteht. Wir wissen zudem, daß nicht nur $CD4^+$ T-Zellen von Bedeutung sind, sondern auch $CD8^+$ T-Lymphozyten zu den Gewebeveränderungen und zum Verlauf der Krankheit beitragen.
«Borderline»-Reaktionen werden manchmal während des natürlichen Krankheitsverlaufs beobachtet und treten häufig während der medikamentösen Behandlung einer bestehenden Lepra auf. Die Sensibilisierung mit Antigenen von *M. leprae* äußert sich als lokale

Schwellung und Entzündung vor allem in der Haut. Der Entzündungsprozeß und die begleitende Zellinfiltration schädigen die peripheren Hautnerven – ein Kennzeichen der Lepra. Die Läsionen bei Fällen mit «borderline»-Lepra entsprechen in allen Teilen einer granulomatösen Überempfindlichkeitsreaktion.

7.4.4 Autoimmunkrankheiten und Überempfindlichkeit vom Spättyp

Viele Krankheiten von Mensch und Tier weisen Komponenten von Spättyp-Überempfindlichkeit auf, und die meisten davon beruhen auf Infektionen. Infektiöse Mikroorganismen bilden eine anhaltende Quelle von Antigenen, die bei sensibilisierten T-Lymphozyten eine ebenso lang dauernde Freisetzung von Zytokinen bewirken, was wiederum zur Akkumulation einer großen Zahl von Makrophagen führt. Viele Autoimmunkrankheiten, bei denen zwar keine ursächlichen Mikroorganismen nachgewiesen werden, zeigen das gleiche Bild einer T-Zell- und Makrophagen-vermittelten Gewebeschädigung. Man findet tatsächlich bei der Mehrzahl der Autoimmunkrankheiten eine gegen Autoantigene gerichte T-Zell-Reaktivität, was im übrigen aus den bereits erwähnten Beispielen menschlicher Autoimmunkrankheiten hervorgeht. Mensch und Tier leiden an denselben Formen der Autoimmunität. Die im nächsten Abschnitt beschriebenen Tierexperimente sind für das bessere Verständnis der pathogenetischen Mechanismen menschlicher Autoimmunkrankheiten von Bedeutung.

Experimentelle Autoimmunität. Im allgemeinen können in einem Versuchstier durch geeignete Immunisierung mit Zellen oder Extrakten eines bestimmten Gewebes gewebespezifische Autoimmunläsionen ausgelöst werden. Die wichtige Rolle der T-Zellen läßt sich auf verschiedene Weise zeigen: 1) Reaktivität gegen gewebespezifische Antigene *in vitro*; 2) Beteiligung am lokalen Infiltrat nach Hauttest, wobei das mikroskopische Bild der Reaktion der Tuberkulinreaktion gleicht; oder 3) Möglichkeit, die Krankheit mit gereinigten T-Zellen auf gesunde Tiere zu übertragen. Der Zelltransfer muß an dieser Stelle als Beispiel eines experimentellen Ansatzes angeführt werden, der sich beim Studium der Immunmechanismen als absolut wegweisend erwies. Viele grundlegenden Mechanismen wurden verständlich, als man die Auswirkungen der Übertragung verschiedener Zelltypen – oder auch Antikörper – von immunisierten auf normale, nichtimmune Versuchstiere untersuchte. Die so gewonnenen Erkenntnisse reichen vom Nachweis, daß Lymphozyten die Vermittler der Immunität sind, über die Kooperation von T- und B-Lymphozyten bis zu den Effekten unterschiedlicher Profile der Zytokinfreisetzung auf verschiedene Gewebe. Die Durchführung derartiger Untersuchungen am Menschen wäre natürlich unmöglich und unethisch. Experimente dieser Art deckten zudem einige erfolgversprechende Behandlungsmöglichkeiten von Autoimmunkrankheiten auf. Hier beschränken wir uns auf die Feststellung, daß T-Lymphozyten mit Sicherheit beim Entstehen von multipler Sklerose, Thyreoiditis, Typ I-Diabetes und gewisser Formen von Arthritis – unter vielen anderen Krankheiten – eine wichtige Rolle spielen. Allgemein gesagt scheinen IL-2 und IFN-γ produzierende, $CD4^+$ Tdth- (TH1) Zellen für die pathogenen Effekte verantwortlich zu sein, während andere T-Zellen (z.B. IL-4- und IL-10-produzierende TH2) eher strukturerhaltend wirken; allerdings könnten letztere für die gesteigerte Produktion von Autoantikörpern verantwortlich sein. Die regulierende Wirkung des transformierenden Wachstumsfaktors-β (TGF-β) auf die T-Zellaktivität bei Autoimmunreaktionen ist anerkannt. Man nimmt auch an, daß eine fehlgerichtete T-Zellaktivierung bei der Auslösung mindestens einiger Autoimmunkrankheiten von zentraler Bedeutung ist. Es sei daran erinnert, daß während der Entwicklung des immunologischen Repertoires nicht alle autoreaktiven Lymphozyten ausgemerzt werden; die der Elimination entgangenen Zellen sind für den später auftretenden Schaden verantwortlich. Offensichtlich bedarf es zur Aktivierung dieser Lymphozyten spezieller Umstände. Obschon das Bild noch keineswegs vollständig ist, scheint klar, daß genetische Faktoren (besonders der MHC-Haplotyp) wichtig sind, und daß auch Umweltfaktoren (häufig unklare Infekte) ihren Beitrag zum Entstehen von Autoimmunkrankheiten leisten.

8. Transplantation

Zunehmendes Verständnis für die Funktionen des MHC, ausgeklügelte immunsuppressive Maßnahmen und perfektionierte chirurgische Techniken ermöglichen die Transplantation verschiedener Organe und Gewebe. Speziell zu erwähnen sind Niere, Herz, Leber, Lunge, Knochenmark, Haut sowie natürlich Hornhaut und Herzklappen. Die Transplantationsbiologie hat sich zu einem riesigen Gebiet entwickelt, vor allem wegen den bereits realisierten, aber auch wegen zukünftig zu erwartender, klinischer Erfolge.
Die Erkenntnis, daß Immunreaktionen für die Abstoßung von zwischen genetisch nichtverwandten Personen ausgetauschtem Gewebe verantwortlich sind, ist viele Jahre alt. Die eigentlichen Abstoßungsmechanismen sind noch nicht völlig klar; bekannt ist nur, daß Antikörper sowie $CD4^+$ und $CD8^+$ T-Zellen gemeinsam am Zustandekommen des komplexen Abstossungsvorgangs beteiligt sind. Die Transplantatabstoßung weist alle Kennzeichen einer Immunantwort auf. Ein gesunder Empfänger stößt Transplantate aller genetisch nicht identischen Spender ab. Das Hautstück einer Inzuchtmaus, das einem Tier eines anderen Stammes implantiert wird, kann nicht einwachsen (Abb. 62). Ein zweites Transplantat wird bei gleicher Spender-Empfänger-Konstellation beschleunigt verworfen, während sich ein Transplantat von einem dritten Stamm wie ein Ersttransplantat verhält. Die Transplantatabstoßung zeichnet sich demnach durch Antigenspezifität, adaptives Verhalten und Gedächtnisleistung aus. Die wichtigsten, eine Abstoßung bestimmende Antigene sind MHC-Moleküle (HLA-System beim Menschen, H-2-System bei der Maus).

8.1 Immunreaktionen gegen Transplantate

Untersuchungen mit Zellübertragungen haben unwiderlegbar gezeigt, daß T-Lymphozyten die Hauptverantwortung für die Abstoßungsreaktion zukommt; dies wird auch durch die Tatsache belegt, daß die Abstoßungsreaktion bei Menschen und Tieren mit fehlendem oder funktionell defektem Thymus sowie unter Immunsuppression ausbleibt. Beim MHC handelt es sich, wie man sich erinnert, um ein höchst polymorphes System. Dieser Polymorphismus ist auch die Voraussetzung dafür, daß der MHC seine physiologische Funktion der Antigenpräsentation erfüllen kann; aber gerade der Polymorphismus sowie die Tatsache, daß T-Zellen mit Molekülen des MHC rea-

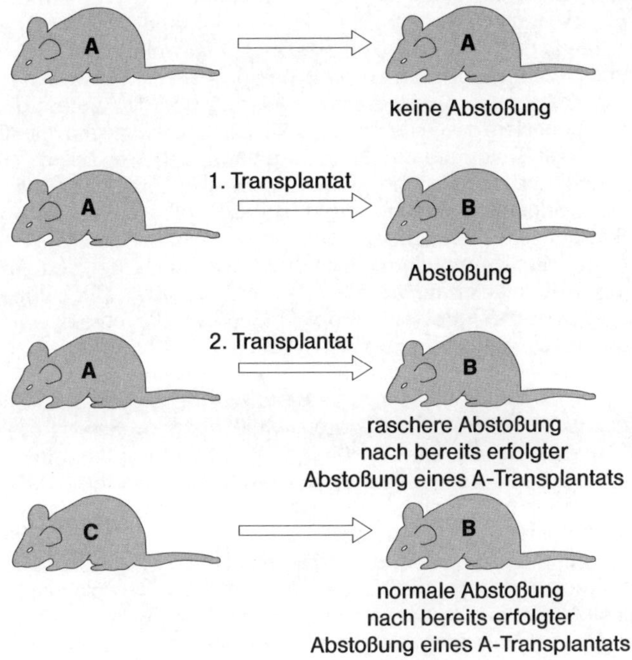

Abb. 62: Merkmale der Transplantatabstoßung. Diese werden am Beispiel des Schicksals von Hauttransplantaten, die zwischen Mäusen verschiedener Inzuchtstämme ausgetauscht wurden, erläutert. Inzuchtstämme weisen untereinander genetische Unterschiede auf. Tiere eines bestimmten Stammes sind jedoch genetisch identisch. Hauttransplantate zwischen Tieren des gleichen Stammes (A) werden nicht abgestoßen, Transplantation über die Stammesgrenzen (A und B) führen zur Verwerfung. Eine Maus, die bereits ein Transplantat abgestoßen hat, wird ein zweites Transplantat desselben Spenderstammes beschleunigt verwerfen; Haut einer Maus eines anderen Spenderstammes (C) wird wie ein Ersttransplantat abgestoßen. Dies zeigt, daß die Transplantatabstoßung unter genetischer Kontrolle steht, und daß Autotransplantate toleriert werden. Die Transplantatabstoßung besitzt alle Merkmale der adaptiven Immunreaktion: Transplantationsreaktionen zeigen Diversität (alle fremden Transplantate werden abgestoßen), Spezifität und Gedächtniseffekt.

gieren müssen, verursacht die bei Transplantation auftretenden Probleme. Damit hängt auch die Bezeichnung des MHC zusammen: T-Lymphozyten des Empfängers erkennen sofort kleinste Strukturunterschiede der MHC-Moleküle des Spendergewebes und lösen eine Immunreaktion aus. Daraus geht hervor, daß die Verwerfung von Fremdgewebe biologisch unvermeidbar ist, und daß zudem dieselben Zellen gleichzeitig für die protektive Immunität gegen infektiöse Mikroorganismen und die Zerstörung transplantierter Zellen verantwortlich sind. Die in der Zellmembran aller Zellen exprimierten MHC-Produkte werden aus diesen Gründen oft auch als «Transplantationsantigene» bezeichnet.
Neben T-Zell-vermittelten Reaktionen kommt es bei den Abstoßungsreaktionen immer auch zur Antikörperantwort. Der Empfänger reagiert auf die Transplantation von Gewebe, das bereits eine Immunantwort auslöste, mit einer hyperakuten (sehr rasch einsetzenden), durch Antikörper vermittelten Abstoßung. Daher ist die Auswahl eines Zweittransplantats für Patienten, die ein erstes Transplantat durch Abstoßung verloren, mit großen Schwierigkeiten verbunden. Dazu kommt, daß eine meist harmlose Bluttransfusion die Produktion von Antikörpern auslösen kann, welche möglicherweise zu einem späteren Zeitpunkt transplantiertes Gewebe schädigen. Bei Übertragung von nicht vaskularisiertem Gewebe bleiben Abstoßungsreaktionen in der Regel aus. Ein gutes Beispiel dafür ist die Hornhauttransplantation, bei der die meisten Transplantate, auch bei HLA-Unterschieden zwischen Spender und Empfänger, toleriert werden. In ähnlicher Weise wird Knorpelgewebe auch bei HLA-Inkompatibilität vom Empfänger akzeptiert. HLA-Unterschiede sind auch bei Transplantation von Knochen oder Arterien nicht so wichtig, da diese Gewebe kaum zellhaltig sind und dem Empfänger lediglich als Gerüst zur Kolonisierung mit körpereigenen Zellen dienen.

8.2 Überleben von transplantiertem Gewebe

Das ideale Transplantat stammt von einem Spender, dessen HLA-Muster mit demjenigen des Empfängers völlig übereinstimmt. Diese seltene Situation findet sich jedoch nur bei eineiigen Zwillingen. Normalerweise stammt das für die Transplantation vorgesehene Gewebe von Verwandten des Empfängers oder von nichtverwandten Spendern. In vielen Fällen werden große Anstrengungen in der Suche nach einem Spender unternommen, dessen HLA-Antigene (man erinnere sich an den enormen Polymorphismus des Systems) denjenigen des Empfängers möglichst ähnlich sind; mit der Minimalisierung der Inkompatibilität hofft man, Ausmaß und Stärke der Abstoßungsreaktion zu verringern. Die Wahrscheinlichkeit, unter nichtverwandten Spendern einen bezüglich der HLA-Antigene mit dem Empfänger identischen zu finden, ist verschwindend klein; für praktische Belange hat sich aber gezeigt, daß schon bei Übereinstimmung der Klasse II-Gene (vor allem der DR-Gruppe) die Überlebenschance des Transplantats erheblich steigt (Abb. 63A). Unter möglicher Berücksichtigung der Klasse I-Gene wird daher meistens das verfügbare Gewebe oder Organ mit der besten Übereinstimmung verwendet. Das bei diesen Abklärungen eingesetzte Vorgehen wird als Gewebetypisierung bezeichnet und dient der Bestimmung der HLA-Gene sowie der Klasse I- und Klasse II-Produkte bei Spender und Empfänger.

Das HLA-System ist jedoch nicht der einzige Genkomplex, der für Transplantationsantigene kodiert. Tatsächlich kennt man viele zusätzliche Systeme, die jedoch nur bei der Transplantation freier Zellen wie beispielsweise Knochenmark und Inselzellen des Pankreas eine Rolle spielen. Derartige Antigene werden nur selten in die Typisierung einbezogen, mit Ausnahme des ABO-Blutgruppensystems, das für das Überleben aller Transplantate mit Anschluß an die Blutversorgung von größter Bedeutung ist. Nierenspender und -empfänger werden daher immer auf ABO-Kompatibilität getestet. Die Annahme ist richtig, daß neben den Erythrozyten viele Zellarten ABO-Antigene exprimieren. Man erinnere sich jedoch, daß Erythrozyten keine HLA-Antigene besitzen, weshalb Bluttransfusionen keine Gewebetypisierung voraussetzen!

8.3 Immunsuppression

Bei jeder Übertragung von Zellen (Ausnahme: Bluttransfusion) oder Gewebe von einer Person zu einer anderen, kommt man, ungeachtet des Grades der HLA-Kompatibilität, nicht um eine Hemmung der Immunantwort des Empfängers herum. Zu diesem Zweck wurden viele verschiedene therapeutische Ansätze erprobt und eingesetzt, aber die gebräuchlichsten unter ihnen weisen alle den Nachteil auf, daß sie immunologisch nicht spezifisch sind. Die Folge davon ist die oft auftretende Schwierigkeit, das richtige Gleichgewicht zwischen Immunsuppression – Verhinderung der Abstoßungsreaktion – und notwendiger Restaktivität des Immunsystems – Gewährleistung der Infektabwehr – zu finden. Das vorläufig nicht erreichte Ziel besteht darin, im Empfänger eine spenderspezifische Immunsuppression hervorzurufen, die den Immunapparat für alle übrigen Belange nicht beeinflußt. Die wichtigsten der heute angewandten immunsuppressiven Maßnahmen können wie folgt zusammengefaßt werden.

Purinanaloge. 6-Merkaptopurin (6-MP) ist das Beispiel eines Medikamentes, das durch Hemmung der Nukleinsäurensynthese als Zellgift wirkt. Da es sich um eine sehr toxische Verbindung handelt, wurde Azathioprin entwickelt, das in der Leber zu 6-MP metabolisiert wird. Zielzellen immunsuppressiver Substanzen sind eigentlich die Lymphozyten. Da die Purinverbindungen jedoch alle in aktiver Teilung begriffene Zellen blockieren, führt ihre klinische Anwendung zu einer Verminderung aller Leukozyten; zudem kommt es zur Schädigung von Leber und Darmepithel sowie zu Haarausfall.

Kortikosteroide. Kortikosteroide sind natürliche Produkte der Nebennierenrinde und wirken beim Gesunden als physiologische Regulatoren der Funktion von Zellen des Immunsystems. Wir haben auf dieses Beispiel der Beziehung zwischen endokrinem System und Immunapparat bereits hingewiesen. Synthetisch hergestellte Kortikosteroide werden als Medikamente mit vielen verschiedenen biologischen Funktionen eingesetzt; obschon diese Substanzen sehr wirksam sind, weiß man über den exakten Mechanismus der Suppression der Transplantatabstoßung noch nicht so genau Bescheid wie über ihre entzündungshemmenden Eigenschaften. Kortikosteroide stabilisieren Zellmembranen, beeinflußen Zirkulation und Rezirkulation von Zellen und können die Zellteilung verlangsamen. Welche dieser Wirkungen bei der Verhinderung der Transplantationsreaktionen besonders wichtig sind, ist unbekannt. In diesem Zusammenhang soll noch erwähnt werden, daß die Behandlung mit Kortikosteroiden, insbesondere mit Verbindungen, die nicht über Schleimhäute resorbiert werden, bei atopischer Allergie gute Erfolge zeitigt.

Cyclosporin. Die Wirkung dieser Verbindung, die ursprünglich als Peptid aus einer Flechte (*Tolypocladium inflatum*) isoliert wurde, ist besonders eindrücklich. Cyclosporin ist deshalb so wertvoll, weil sich seine Wirkung vorzugsweise auf Zellen in Teilung beschränkt, jedoch ruhende Zellen kaum beeinflußt, und, weil es auch die Zytokinproduktion hemmt. Ruhende T-Zellen als Träger des immunologischen Gedächtnisses für die Infektabwehr bleiben demnach verschont. Neben der sehr starken immunsuppressiven Wirkung, weist Cyclosporin den Nachteil der Nephrotoxizität auf. Dieser Umstand verursacht bei Nierentransplantaten Schwierigkeiten, da die diagnostisch wichtige Unterscheidung zwischen Abstoßungsreaktion und toxisch medikamentöser Schädigung nicht immer leicht ist. Das Problem wird gewöhnlich so umgangen, daß Cyclosporin in reduzierter Dosis zusammen mit einem anderen Immunsuppressivum verabreicht wird (Kombinationstherapie) (Abb. 63B).

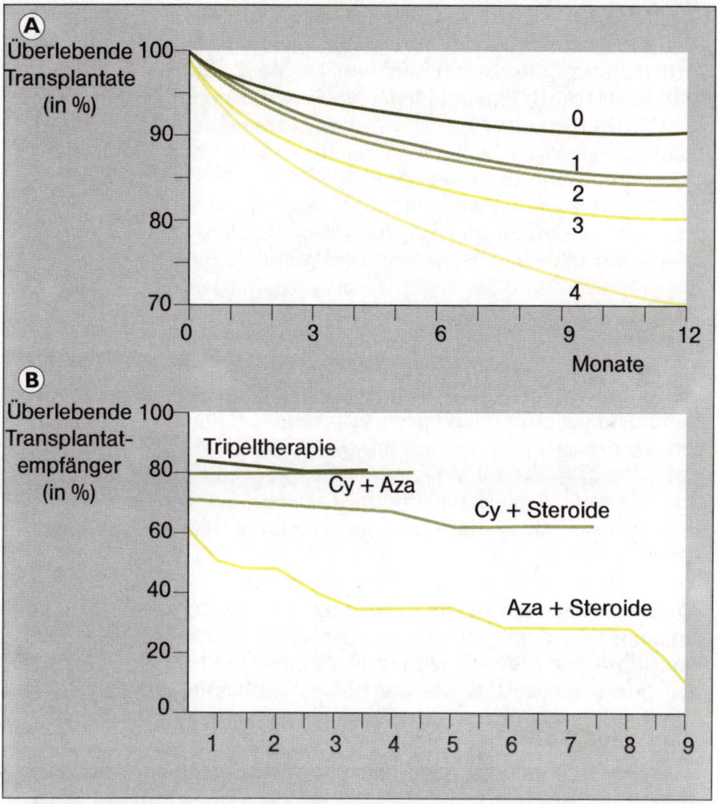

Abb. 63: Einfluß von HLA-Matching und Immunsuppression auf die Transplantation. (A) Die Auswirkungen des Matching-Grads von HLA-B und DR bei Ciclosporin-behandelten Empfängern von Kadavernieren. Die Kurven zeigen die Überlebensraten von Transplantaten, bei denen von 0 bis 4 HLA-B und DR-Antigene mit denen des Empfängers identisch waren (adaptierte Daten von Opelz, 1987). (B) Hier ist das Überleben der Empfänger von Herztransplantaten aufgezeichnet, bei denen verschiedene Schemata immunsuppressiver Therapie angewandt wurden, und zwar Azathioprin (Aza), Ciclosporin (Ci) und Steroide in unterschiedlichen Kombinationen. (Daten von T. English).

Die Verfügbarkeit von Cyclosporin revolutionierte die Transplantation der 80-er Jahre, da seine immunsuppressive Wirkung diejenige zytostatischer Substanzen und der Kortikosteroide weit übertraf. Man kann sich leicht vorstellen, daß ein großer Wettbewerb in der Entwicklung weiterer natürlicher oder synthetischer Peptide mit noch besserer Wirkung einsetzte. Eine neuere Verbindung unter der Bezeichnung FK506 ist ein Beispiel aus der Familie Cyclosporin-ähnlicher Medikamente. Wegen ihrer Wirkung auf aktivierte T-Lymphozyten, werden Cyclosporine gelegentlich auch zur Kontrolle von Autoimmunkrankheiten sowie von Parasitosen eingesetzt, weitere Situationen, bei denen – wie bei der Transplantation – immunsuppressive Maßnahmen klinisch wichtig sind.

Bestrahlung. Mit selektiver Bestrahlung der wichtigsten Lymphknoten kann die Transplantatabstossung recht gut beherrscht werden; diese Methode hat sich jedoch nicht durchgesetzt.

Immunsuppressive Antikörper. Man kennt zahlreiche Beispiele bestimmter Antikörper mit immunsuppressiver Wirkung (Tab. 10). Einige davon sind in ihrer Wirkung vielversprechend, befinden sich jedoch noch im Versuchsstadium, andere wiederum wie Anti-Lymphozyten-Serum (ALS) und Anit-CD3-Antikörper wurden mit gutem Erfolg zusammen mit anderen Medikamenten bereits therapeutisch verwendet.

Spenderantigene. Man würde erwarten, daß der frühere Kontakt des Empfängers mit HLA-Antigenen seines Transplantates die Gefahr einer Abstoßung erhöht. Dies ist im allgemeinen richtig, jedoch sind Situationen bekannt, wo eine derartige Sensibilisierung das Überleben des Transplantates begünstigte. Die Erfahrungen sind zwar von Land zu Land und von Spital zu Spital verschieden, doch scheinen Transplantatempfänger, die viele Bluttransfusionen erhielten, von diesem Umstand zu profitieren; allerdings kann nicht transplantiert werden, wenn Antikörper gegen HLA-Klasse I-Antigene des Spenders nachweisbar sind. Man glaubt, daß einige der Klasse II-Antigene von Leukozyten im transfundierten Blut eine Art protektiver Immunität induzieren. Diese Beobachtung ermutigt Immunologen nach Wegen zu suchen, Transplantatempfänger «spezifisch zu immunisieren», d.h. die Abstoßungsreaktion durch physiologische immunologische Mechanismen zu verhindern.

8.4 Organtransplantation

Die Niere war eines der ersten Organe, das erfolgreich transplantiert wurde, und heute zählt man weltweit tausende erfolgreicher Opera-

Tabelle 10: Immunsuppressive Antikörper und Transplantation
Hierbei handelt es sich hauptsächlich um experimentelle Antikörper. Ausnahmen sind ALS, das klinisch weit verbreitet eingesetzt wurde, und Campath-I; Campath-I ist das Beispiel eines Antikörpers, der im Tierexperiment entdeckt wurde und heute in gentechnologisch veränderter, hochpotenter Form für die Anwendung beim Menschen verfügbar ist. Die Wirkungsspektren der meisten Antikörper sind nicht genau bekannt; diese Moleküle könnten sich aber auch in anderen Situationen bewähren, wo es um die Kontrolle der T-Zellaktivität geht (z.B. Autoimmunkrankheiten).

Antikörper	Ziel	Wirkung
Antilymphozytenserum oder -globulin (ALS)	T-Zellen	Allgemeine Immunsuppression
Campath-I	T-Zellen	Lytische Zerstörung der Zellen (Komplement-abhängig)
Anti-CD3, -CD4 oder -CD8	T-Zellen	Unterbindet Aktivierung der T-Zellen
Anti-IL-2R	Aktivierte T-Zellen	Selektive Suppression aktivierter T-Zellen nach Antigenkontakt
Anti-LFA-I	Lymphozyten	Verhindert wirkungsvolle Kooperation der Immunzellen sowie Interaktionen von Leukozyten mit Gefäßendothelzellen
Anti-MHC-Klasse II	Aktivierte Lymphozyten	Verhindert Lymphozytenaktivierung
«Enhancing» Antikörper	MHC-Antigene des Transplantates	Einschränkung der Sensibilisierung des Wirtes

tionen. Die Erfolgsrate bewegt sich zwischen 85–90% funktionstüchtiger Transplantate nach einem Jahr. Empfänger, die eine transplantierte Niere abstoßen, können bis zur Retransplantation mit Dialyse behandelt werden.
Herz- und Herz-Lungen-Transplantationen werden in Zentren mit großer Erfahrung ähnlich erfolgreich durchgeführt; etwa 80% der Transplantate überleben länger als ein Jahr (Abb. 63B). Diese Zahl ist umso eindrücklicher, als in diesen Fällen kein künstliches Hilfssystem (wie bei der Niere) zur Verfügung steht, womit bei Abstossungsgefahr

die Blutzirkulation über die ersten Stunden hinaus unterhalten werden kann.
Die Leber wirkt weniger immunogen als andere Organe, und die Auslösung von Abstossungsreaktionen wird seltener beobachtet. In Versuchstieren überleben einige Transplantate ohne Immunsuppression, und beim Menschen ist keine Gewebetypisierung notwendig, obschon immunsuppressive Maßnahmen von essentieller Bedeutung sind.
Die Hornhaut des Auges entspricht einer physiologisch *privilegierten Stelle*, die keine Verbindung mit dem Immunsystem aufweist. Der normalen Hornhaut fehlen Blut- und Lymphgefäße, und es kommt nicht zur Abstossung der transplantierten Cornea, da Lymphozyten nicht zum Transplantat gelangen. Wird das Transplantat vaskularisiert, beispielsweise im Verlaufe einer Entzündung, entsteht jedoch höchste Abstossungsgefahr. In dieser Situation hilft nur die Immunsuppression.

9. Schwangerschaft

Den Fetus als «Transplantat» zu bezeichnen mag seltsam erscheinen, aber das Kind besitzt Antigene des Vaters, die vom Immunsystem der Mutter als fremd erkannt werden. Obschon in der menschlichen Plazenta Lymphozyten der mütterlichen Blutzirkulation in engen Kontakt mit fetalem Gewebe gelangen, wird der Fetus von der Mutter nicht wie ein Transplantat abgestoßen. Ein wichtiger Grund dafür ist wahrscheinlich das Fehlen konventioneller MHC-Klasse I- und -Klasse II-Moleküle auf Plazentargewebe, was die Wahrscheinlichkeit einer Immunreaktion verringert.

Aber auch Faktoren von Seiten der Mutter sind wichtig. Man kann sich vorstellen, wie praktisch es aus immunologischer Sicht wäre, wenn bei der Mutter eine Toleranz gegenüber den väterlichen Antigenen des Kindes bestünde. Für diese Möglichkeit gibt es wenig Hinweise, hingegen steht fest, daß sich während der Schwangerschaft eine allgemeine Immunsuppression einstellt: Hautteste gegen Tuberkulin fallen schwächer aus, die Antigen-induzierte Lymphozytenstimulation *in vitro* ist vermindert, und die gegenseitige Stimulierung der Zellen von Mutter und Kind oder zwischen Zellen der Eltern ist ebenfalls abgeschwächt. Allerdings sind die Immunantworten nicht völlig unterdrückt sondern lediglich vermindert. Von der Plazenta produzierte Hormone und Änderungen der Kortikosteroidspiegel tragen wahrscheinlich zur Immunsuppression bei. Eigentlich wissen wir wenig über die Gründe, weshalb es während einer Schwangerschaft nicht zur Abstossung des Kindes kommt, oder ob Immunmechanismen bei natürlichen Geburtvorgang überhaupt eine Rolle spielen.

10. Tumorimmunologie

Man würde erwarten, daß neoplastische Zellen durch Immunreaktionen zerstört werden, sofern diese wirklich Antigene exprimieren, die sich wesentlich von denjenigen des gesunden Gewebes unterscheiden. Diese Vorstellung hat eine lange und illustre Geschichte, und sie führte Burnet und andere zur Entwicklung der Hypothese, daß die immunologische Überwachung durch Lymphozyten für die Erkennung und wirksame Reaktion gegen «fremde» Tumorantigene verantwortlich sei. Ohne Zweifel handelt es sich um eine elegante Annahme, deren experimentelle Überprüfung jedoch Schwierigkeiten bereitet. Derartige Mechanismen mögen in einigen Tiermodellen funktionieren, in der Tumorbiologie des Menschen sind Hinweise auf eine wirksame immunologische Tumorüberwachung («immune surveillance») kaum zu finden.
Neoplastische Zellen unterscheiden sich von normalen eher in der Quantität als in der Qualität einiger der exprimierten Moleküle, die manchmal nur während der Fetalentwicklung vorhanden sind (onkofetale Antigene). Immunreaktionen gegen diese Antigene unterscheiden sich nicht von denen, die gegen virale Produkte virusinduzierter Tumoren gerichtet sind. Man schätzt, daß etwa Dreiviertel aller menschlichen Neoplasmen durch chemische (Umwelt-) Karzinogene ausgelöst werden, und daß etwa 20% der Tumoren bei Frauen sowie 10% derjenigen bei Männern mit viralen Infekten zusammenhängen. Einzelheiten der Mechanismen der neoplastischen Transformation durch die verschiedenen Agentien sind nicht bekannt; in vielen Fällen werden *Onkogene* aktiviert, die durch die Aktivierung anderer Gene eine unkontrollierte Zellvermehrung auslösen.

10.1 Immunsuppression und Neoplasie

Bei Transplantatempfängern, die notgedrungen unter immunsuppressiver Therapie stehen, beobachtet man das erhöhte Auftreten von Neoplasien. Neoplastische Veränderungen des lymphatischen Systems (Lymphome) sind besonders häufig, aber auch Haut- und Zervixtumoren, die möglicherweise in Zusammenhang mit Virusinfekten stehen, treten oft auf. Patienten mit AIDS leiden wegen ihrer virusinduzierten Immunsuppression an Non-Hodgkin-Lymphomen und Kaposi-Sarkom.
Das Muster der Tumorinzidenz bei immunsupprimierten Patienten

weicht von demjenigen der übrigen Bevölkerung ab. Eine Erklärung dafür mag darin liegen, daß die Wirksamkeit der T-Zell-vermittelten Reaktion gegen neoplastische Zellen, deren maligne Transformation auf die persistierende Infektion mit Viren wie Zytomegalovirus oder Epstein-Barr-Virus (EBV; Erreger der Mononukleose) zurückgeht, durch die immunsuppressiven Medikamente vermindert wird. Dies mag auch bei AIDS zutreffen, wo die Zahl der T-Lymphozyten vermindert und gleichzeitig die Inzidenz von Infektionen mit Mikroorganismen und Parasiten erhöht ist.

10.1.1 Malaria und Burkitt-Lymphom

Die Infektion mit Malaria-Plasmodien induziert eine Immunsuppression, welche zur Folge hat, daß die Immunreaktionen gegen EBV-infizierte B-Lymphozyten vermindert sind. Bei gesunden, nicht an Malaria leidenden Personen, werden die durch EBV-Infektion tranformierten B-Zellen von zytotoxischen T-Zellen zerstört; eine latente Virusinfektion bleibt jedoch lebenslänglich bestehen. Bei Erwachsenen kann jedoch die durch Malaria verursachte, leichte Immunsuppression dazu führen, daß ein B-Zellklon der Zerstörung entgeht und sich zum Lymphom entwickelt. Dies ist ein klinisches Beispiel dafür, wie eine Infektion (Malaria) den Verlauf einer anderen (EBV) beeinflussen kann: die epidemiologischen Zusammenhänge zwischen Malaria und Lymphomentstehung waren lange vor der Entdekkung des EBV bereits bekannt.

10.1.2 Immunreaktionen gegen bestehende Neoplasmen

Das Wachstum eines Neoplasmas in einem immunkompetenten Wirt wird mit der Annahme erklärt, die neoplastischen Zellen seien der Erkennung und Elimination durch das Immunsystem entgangen. Neoplasmen weisen oft entzündliche Infiltrate mit aktivierten Lymphozyten auf. Dies deutet darauf hin, daß Neoplasmen zwar eine Immunreaktion auslösen, diese aber zur Verhinderung des Tumorwachstums nicht genügt. Induktion einer Immunsuppression und das schiere Ausmaß des Antigenanfalls könnten diesen Sachverhalt erklären. Eine Hemmung der Immunantwort könnte sich mindestens bei denjenigen Neoplasmen einstellen, welche die Bildung immunsuppressiver Zytokine auslösen. Man kann in diesem Zusammenhang auch auf das Phänomen der «metastatischen Insuffizienz» hinweisen, das den Umstand beschreibt, daß die Zahl der aus einem Primärtumor in die Zirkulation gelangenden neoplastischen Zellen weitaus größer ist als diejenige der Zellen, die schließlich

Metastasen bilden und zu Sekundärtumoren auswachsen. Dies zeigt, daß der Tumorträger tatsächlich imstande ist, mit einigen, wenn auch nicht mit allen neoplastischen Zellen fertig zu werden. Die Fähigkeit des menschlichen Immunsystems zur Einschränkung des Tumorwachstums zeigt sich auch in einem weiteren Phänomen, demjenigen der «Begleitimmunität» («concomitant immunity»): kleine Neoplasmen weisen Infiltrate mit Lymphozyten auf und verschwinden, während größere Tumoren unbeeinflußt bleiben. Als weiteres Beispiel kann auch die Beobachtung der Latenz von Sekundärtumoren angeführt werden, die ihr Wachstum erst nach Entfernung des Primärtumors aufnehmen. Schließlich hat man festgestellt, daß die Wirkung einer Chemotherapie *in vivo* deutlicher ausfallen kann als *in vitro*, was auf das Vorhandensein einer protektiven, endogenen Antitumor-Reaktivität hinweisen könnte, die unter günstigen Bedingungen aktiviert werden kann.

10.1.3 Immuntherapie mit LAK-Zellen

Da das Immunsystem offensichtlich für die Elimination großer Neoplasmen nicht geeignet ist, muß vor Beginn einer Immuntherapie die Tumormasse durch chirurgische oder radiotherapeutische Maßnahmen reduziert werden. Die für die Infiltration eines Neoplasmas geeigneten Lymphozyten eines Tumorpatienten können *in vitro* durch Behandlung mit IL-2 vermehrt und aktiviert werden. Die Reinjektion dieser «Lymphokin-aktivierten Killerzellen» (LAK-Zellen) in den Spender hat sich bei einigen Patienten mit malignem Melanom teilweise bewährt. Vielversprechende, aber unterschiedliche Resultate wurden mit der LAK-Zelltherapie bei Patienten mit anderen Tumoren erzielt (Abb. 64).

10.1.4 Hybridom-Antikörper als «magic bullets»

Der klinische Erfolg neuer oder konventioneller Medikamente in der Tumortherapie hängt ausschließlich davon ab, daß die verwendeten Substanzen selektiv an den richtigen Ort im Körper gelangen. Die Entwicklungen der Technologie monoklonaler Antikörper eröffnen neue Möglichkeiten, dieses Ziel zu erreichen. Wenn die Identifikation eines spezifischen Tumorantigens gelingt, könnte sich eine «magische Kugel», bestehend aus dem spezifischen Antikörper mit angekoppeltem Toxin wie beispielsweise Rizin, als wirksame Therapieform herausstellen (siehe Abb. 35). Im Tierexperiment ließ sich diese Idee bereits verwirklichen, und der Einsatz von «magic bullets» könnte künftig auch beim Menschen gelingen.

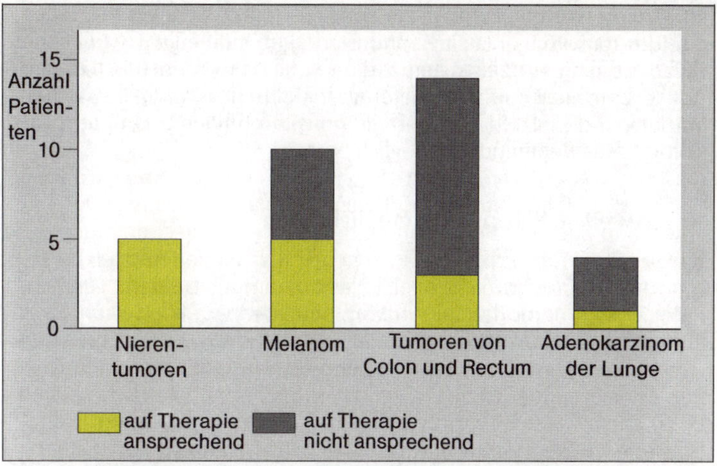

Abb. 64: Tumortherapie mit LAK-Zellen und IL-2. LAK-Zellen sind das Produkt der Inkubation von Patientenlymphozyten mit IL-2 *in vitro*. Diese Behandlung bewirkt eine Lymphozyten-Aktivierung und -Transformation, die sich *in vitro* in einer gesteigerten Zytotoxizität gegenüber neoplastischen Zellen äußert. Die Reinfusion dieser Zellen scheint die Zerstörung des Neoplasmas *in situ* zu unterstützen. Das Diagramm zeigt die Zahl der Patienten, die auf eine Behandlung mit LAK-Zellen und IL-2 ansprachen. Man beachte, daß diese Therapieform nicht bei allen Tumorformen gleichermaßen erfolgreich ist.

Man hat auch schon bispezifische monoklonale Antikörper hergestellt, d. h. Antikörper, die mit zwei Antigenen reagieren. Ein Fab-Arm erkennt ein Antigen des Neoplasmas, der andere reagiert mit einem Medikament oder einem Toxin. Auf diese Weise wird eine Fokussierung des künstlichen Gebildes auf die neoplastischen Zellen sichergestellt. Bispezifische Antikörper könnten auch für den Transport von Effektorzellen zum Tumor eingesetzt werden oder könnten Moleküle zum Neoplasma bringen, die bereits im Tumor vorhandene Lymphozyten zur Freisetzung wichtiger Zytokine aktivieren. Der konzeptuelle Ansatz wäre demjenigen ähnlich, bei dem neoplastische Zellen durch Gentransplantation dazu gebracht werden, IL-2 zu exprimieren und dadurch Lymphozyten zu aktivieren.
Ein weiterer Versuch zur selektiven Aktivierung von Effektorzellen im neoplastischen Gewebe besteht in der Verwendung von Antikörpern, die mit drei verschiedenen Antigenen reagieren (trispezifische Antikörper) und die durch Kopplung verschiedener Fab-Fragmente

konstruiert wurden. Eine Spezifität dieses Antikörpers könnte gegen ein Tumorantigen, die beiden anderen gegen Moleküle wie CD3 und CD28 auf T-Effektorzellen gerichtet sein. Man erhofft sich von diesen Antikörpern, daß mit ihrer Hilfe ein wirksamerer Kontakt zwischen Immun- und Zielzellen hergestellt werden kann als dies unter physiologischen Bedingungen möglich ist.

10.1.5 Weitere Behandlungsmöglichkeiten

Weitere neue, klinisch vielversprechende Substanzen wurden hergestellt, indem irgendwelche Moleküle biochemisch oder mit gentechnologischen Methoden an Antikörperfragmente gekoppelt wurden. Diese Chimären oder Hybridmoleküle bestehen in der Regel aus den antigenbindenden Domänen von Anti-Tumor-Antikörpern und Toxinen oder Zytokinen (z.B. TNF-α), die entweder neoplastische Zellen direkt zerstören oder Lymphozyten im Neoplasma aktivieren. In ähnlicher Weise werden auch Konstrukte mit *Superantigenen* bakteriellen Ursprungs verwendet, in der Hoffnung, daß damit eine größere Zahl von Lymphozyten im Tumor konzentriert und gleichzeitig ihre Zytotoxizität erhöht wird.
Die in diesen Therapieversuchen eingesetzten Antikörper sind gegen Moleküle neoplastischer Zellen gerichtet wie beispielsweise tumorspezifische und onkofetale Antigene (z.B. karzinoembryonales Antigen) sowie Rezeptoren für epidermalen Wachstumsfaktor oder Transferrin.

10.1.6 Einsatz von Antikörpern in der bildgebenden Diagnostik

Antikörperfragmente sind für die klinische Anwendung unter anderem deshalb besonders geeignet, als ihre geringe Größe das leichte Eindringen in Gewebe erlaubt. Sie werden daher in Therapie und Bildgebung intakten Antikörpern vorgezogen. Bildgebende Verfahren werden zur Lokalisierung von Neoplasmen und anderer Läsionen verwendet. Meist werden radioaktiv markierte Antikörperfragmente eingesetzt, die gegen Antigene gerichtet sind, welche für das Zielgewebe spezifisch oder dort in besonders hoher Konzentration vorhanden sind. Die Lokalisation des Antikörpers wird unter Zuhilfenahme von speziellen Methoden, mit denen die Strahlung der zur Markierung verwendeten Isotpen erfaßt wird, dargestellt.

10.2 Therapeutische Verwendung von Zytokinen zur Immunstimulation oder -suppression

Die Methoden der Lymphozytenklonierung sowie der Isolierung und Klonierung von Lymphozytengenen eröffneten die Möglichkeit der Produktion großer Mengen von Zytokinen. Wir werden überflutet mit Informationen über Variabilitäten, Strukturen, Gene und Rezeptoren der verschiedenen Zytokine. Die physiologischen Funktionen vieler dieser Moleküle sind nun besser bekannt, und aus diesen Kenntnissen lassen sich ihre pathogenetische Bedeutung sowie ihr möglicher therapeutischer Wert ableiten.
Mit großer Regelmäßigkeit werden neue Zytokine entdeckt. Im Zentrum der Forschungsanstrengungen stehen immer grundlegende Fragen wie «Wie kann Induktion und Expression der Zytokine ausgelöst werden?», «Wie beeinflußen sie sich gegenseitig?», «Auf welche Zellen und auf welche Art und Weise wirken sie?» und «Was für lösliche Faktoren modifizieren ihre Aktivität?» Das klinische Interesse an diesen Substanzen konzentriert sich auf ihre Rolle in der Pathogenese unterschiedlicher immunologischer Krankheiten; auf die Bedeutung der Zytokine wurde ja in verschiedenem Zusammenhang bereits mehrfach hingewiesen. Hier werden einige Beobachtungen zusammengefaßt, welche die Möglichkeiten der klinischen Anwendung von Zytokinen im Sinne von immunstimulierenden oder -supprimierenden Eingriffen andeuten.
Maßnahmen zur Aktivitätssteigerung bestimmter Zytokine könnten sich in der Behandlung von Infektionskrankheiten und in der Tumortherapie als besonders nützlich erweisen. So ist die Entwicklung neuer Möglichkeiten denkbar, die Expression von Zytokinen in bestimmten Geweben zu induzieren oder die Zytokinaktivität in bestimmter Lokalisation gezielt zu beeinflußen. In Zusammenhang mit der zweiten Möglichkeit sei darauf hingewiesen, daß gentechnisch hergestellte Fusionsmoleküle, bestehend aus Antikörperfragmenten und Zytokinen, bereits verfügbar sind; mit Hilfe dieser Hybridsubstanzen erhofft man sich eine selektive Anreicherung von TNF-α und IL-2 in neoplastischen Geweben.
Sofern es sich nicht um Autoimmunkrankheiten oder entzündliche Prozesse handelt, wäre umgekehrt eine Aktivitätshemmung bestimmter Zytokine wünschenswert. Neuere Entwicklungen lassen vermuten, daß dieses Ziel unter Ausnützung von Zytokin-Antagonismen erreicht werden könnte. So weist beispielsweise IL-10 die eindrückliche Fähigkeit auf, in $CD4^+$ T-Zellen und Makrophagen die Produktion entzündungsaktiver (IL-1, IL-8 und TNF-α) und Zytotoxizitäts-induzierender Zytokine (IL-2, IFN-γ) zu hemmen.

Auch andere Wege der Zytokinhemmung sind denkbar (Abb. 65): medikamentöse Hemmung der Zytokin- oder Zytokinrezeptoren-Synthese, Blockierung der Zytokinrezeptoren durch spezifische Antagonisten oder Antikörperfragmente sowie Neutralisierung von Zytokinen mit spezifischen monoklonalen Antikörpern oder löslichen Rezeptormolekülen. Der therapeutischen Erprobung von Antikörpern gegen Zytokine und isolierter Zytokinrezeptoren bei der Behandlung von Autoimmunkrankheiten und Abstossungsreaktionen wird gegenwärtig größte Aufmerksamkeit geschenkt. Klinische Versuche zeigen, daß Anti-TNF-Antikörper mit Erfolg bei Patienten mit septischem Schock bei Infektion mit gramnegativen Bakterien und zur Kontrolle gewisser arthritischer Symptome eingesetzt werden können.
Schließlich muß erwähnt werden, daß einige Behandlungsschemata Kombinationen der aufgezeigten therapeutischen Ansätze enthal-

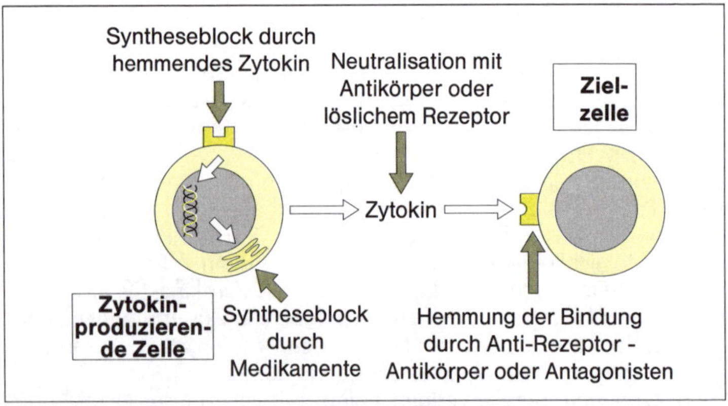

Abb. 65: Hemmung der Wirkung von Zytokinen. Unsere Kenntnisse über die Rolle von Zytokinen im gesunden und kranken Organismus sind zwar beachtlich, doch beschränken sich Versuche, diese Information klinisch auszunützen, im wesentlichen auf die Verabreichung von rekombinierten Zytokinen. Offensichtlich wäre es von Vorteil, wenn wir Produktion und Verteilung einzelner Zytokine sowie deren Interaktionen mit Zellrezeptoren oder Zielorganen *in vivo* selektiv beeinflussen könnten. Die Abbildung zeigt verschiedene Möglichkeiten einer Hemmung der Zytokinwirkung im Rahmen entzündlicher Prozesse. Solche therapeutischen Ansätze haben sich in experimentellen Systemen als realistisch erwiesen, werden jedoch klinisch kaum angewendet.

ten. So wird beispielsweise TNF-α zur Expressionssteigerung von CEA in Kolonkarzinomen verwendet, um den gezielten Einsatz monoklonaler Anti-CEA-Antikörper zu verbessern.

11. Ernährung und Immunität

Immunmangelzustände werden verursacht durch genetisch fixierte Defekte, Medikamente und Bestrahlung, oder sie können sekundär im Verlaufe verschiedener Krankheiten auftreten. Weltweit sind Ernährungsstörungen die wichtigsten Ursachen des Immunmangels: Berechnungen zufolge leiden mehr als 400 Millionen Menschen an Unter- oder Mangelernährung.

11.1 Ernährungszustand

Für eine gute Ernährung ist weniger die Quantität als die Qualität maßgebend; natürlich ist auch die Nahrungsmenge wichtig, aber in den Industrieländern ist Unterernährung ein eher seltenes Phänomen. Feldfrüchte aus schlechtem Boden enthalten zu wenig Mineralstoffe und Spurenelemente. Zur Schädlingsbekämpfung verwendete Pestizide und andere Chemikalien werden in die Nahrungskette aufgenommen und bewirken eine weitere Schwächung metabolischer und immunologischer Prozesse. Mangelernährung kann auch als Folge von Verdauungsstörungen bei Darmparasitose, Enzymmangelzuständen, Malabsorption oder gestörter Säureproduktion im Magen auftreten. Unzählige weitere Faktoren können am Zustandekommen von Mangelernährung und nachfolgenden Infektionen mitbeteiligt sein. Faktoren wie Armut, schlechte hygienische Verhältnisse, mangelhafte Gesundheitserziehung oder soziokulturelle Mißstände vergrößern die Schwierigkeiten, welche die adäquate Nahrungsbeschaffung bereitet.
Physiologische biochemische Vorgänge benötigen neben den eigentlichen Körperbaustoffen – Kohlenhydrat, Fett und Eiweiß – noch viele weitere Substanzen. Sehr wichtig in diesem Zusammenhang sind Spurenelemente. Man kennt mehrere Hundert Metalloenzyme, zu deren Aufbau und Funktion Spurenelemente wie Zink, Eisen, Selen, Chrom und Kupfer essentiell sind. Zudem hängt die antioxidative Wirkung anderer Enzyme wie Glutathionoxidase und Superoxiddismutase von der Verfügbarkeit weiterer Mineralien ab. Die Bedeutung dieser Substanzen ist weitaus größer als ihre normalerweise niedrigen Blutspiegel vermuten ließe. Minimale Veränderungen der Nahrung können signifikante Änderungen metabolischer Funktionen nach sich ziehen.
Das klinische Erscheinungsbild des Protein-Energie-Mangels (PEM)

Abb. 66: Protein-Energie-Mangelernährung. Dieses 13 Monate alte Kind weist die für Protein-Energie-Mangelernährung charakteristischen Zeichen auf: extreme Gewichtsabnahme und faltige Haut.

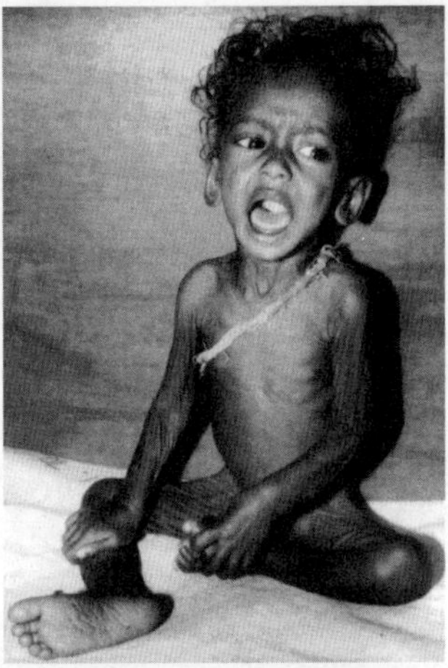

(Abb. 66) steht in krassem Gegensatz zu den Auswirkungen des Mangels an Mineralstoffen und Spurenelementen. PEM geht mit einem Immundefekt einher; Mangelernährung während der Fetalentwicklung führt zu schweren, langdauernden und lebensverkürzenden Störungen der Immunfunktionen.

11.2 Immunfunktionen und Mangelernährung

Mangelernährung (manchmal allerdings auch Überernährung) beeinflußt verschiedene Aspekte der Immunfunktionen. Man erinnere sich, daß phagozytierende Zellen wie Granulozyten Mikroorganismen erkennen und diese über die Aktivierung des Komplementsystems, Freisetzung chemotaktisch wirkender Stoffe, Anhaften, Phagoyztose und Steigerung ihrer metabolischen Aktivität abtöten. Verschiedene Stufen dieser Sequenz sind bei PEM gestört, wobei insbesondere die Prozesse der Phagozytose und des intrazellulären Abtötens schwer beeinträchtigt sind. Ein weiteres Beispiel in Abb. 67 zeigt, daß die Titer protektiver Antikörper nach Masernimpfung bei mangelernährten im Vergleich zu gesunden Kindern stark erniedrigt sind.

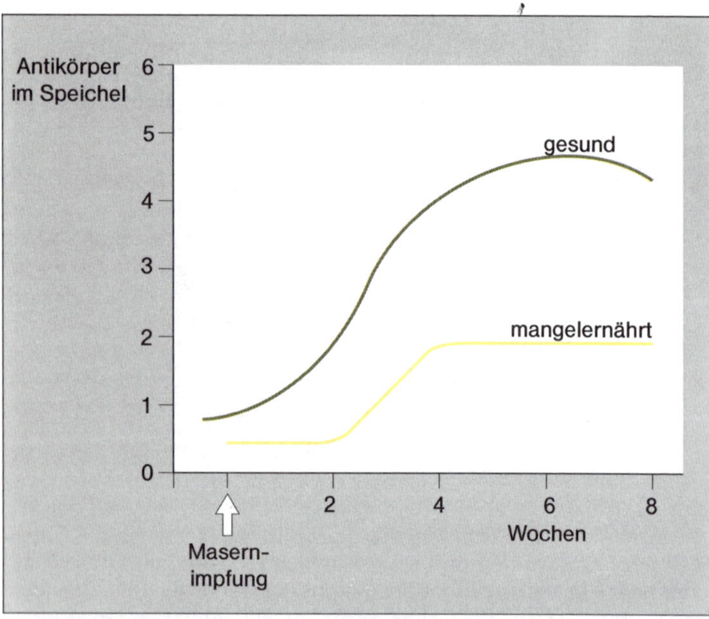

Abb. 67: Effekt der Mangelernährung auf den Impferfolg. Die Wirksamkeit der Masernimpfung wird in diesem Beispiel am Antikörpernachweis im Speichel gemessen. Die Antikörperbildung setzt bei mangel- oder unterernährten Kindern später ein und ist schwächer als bei gesunden Kontrollen.

11.3 Klinische Bedeutung

Änderungen der Immunfunktionen bei Ernährungsstörungen sind von allgemeiner Bedeutung, besonders wichtig sind sie jedoch für alternde Menschen und Spitalpatienten. Immunologische Funktionsstörungen bei Mangelernährung treten früh auf und können rasch korrigiert werden; immunologische *in vivo*- und *in vitro*-Untersuchungen sind empfindliche Indikatoren von Änderungen des Ernährungszustandes. Diese Erkenntnis zeigt sich in der klinischen Erfahrung, daß Impferfolge sogar durch kurzfristig vor und nach der Immunisierung verabreichte Nahrungszusätze erhöht werden können.

Zusatzkapitel

Der Abschnitt **«T-Zellaktivierung»** (3.2.2) bedarf der Ergänzung und Aktualisierung. Die Effektorfunktionen der T-Lymphozyten werden einerseits durch Zytokine vermittelt, deren Freisetzung mit der spezifischen Peptiderkennung auf entsprechenden MHC-Molekülen in Gang gesetzt wird, andererseits spielt die Bindung membranassoziierter Moleküle an komplementäre Liganden auf der APZ eine ebenso wichtige Rolle. Bei der Bindung eines zytotoxischen CD8-Lymphozyten mit dem spezifischen, MHC-Klasse I assoziierten Peptid kommt es zur Freisetzung von Perforin und Granzymen (auch als Zytotoxine bezeichnet); gleichzeitig löst die Bindung des Membranmoleküls Fas-Ligand mit dem Fas-Molekül auf der Zielzelle deren Apoptose aus. Funktionell aktive CD4-Lymphozyten entstehen aus der im Blut zirkulierenden Hauptpopulation (T_H0) und werden aufgrund des Musters der produzierten Zytokine und unterschiedlicher zusätzlicher Membranmoleküle funktionellen Gruppen – T_H1 (auch Ti- oder Entzündungs-T-Zellen genannt) und T_H2 (T_h- oder Helfer-T-Zellen) – zugeordnet. T_H1-Zellen bilden vorwiegend Makrophagen-aktivierende Zytokine (IFN-γ, GM-CSF) und weisen membranständigen TNF auf, der an den TNF-Rezeptor der Makrophagen bindet. Demgegenüber zeichnen sich T_H2-Zellen durch die Produktion B-Zell-aktivierender Zytokine (IL-4, IL-5, IL-6) aus und besitzen in ihrer Membran den spezifischen Liganden für CD40 der B-Lymphozyten (Abb.68).

Zwei **molekularbiologische Techniken** erwiesen sich in den letzten Jahren als zentrale Hilfen für die immunologische Grundlagenforschung, in deren Rahmen die Funktion bestimmter Genprodukte *in vivo* untersucht wird: die Verfügbarkeit von transgenen und Gen-«knockout» Mäusen. Transgene Tiere zeichnen sich dadurch aus, dass sie ein bestimmtes, künstlich eingeführtes Fremd-Gen exprimieren, während bei »knockout»-Mäusen durch gezielten Eingriff ein bestimmtes Gen wirkungslos gemacht wurde.

Zur Produktion **transgener Mäuse** werden fremde DNA-Sequenzen – Transgene genannt – in die Kerne befruchteter Eizellen der Maus injiziert, die anschließend durch Ammenweibchen ausgetragen werden. In der Regel erweisen sich etwa 25% der neugeborenen Mäuse als heterozygote Träger des Transgens, von denen ausgehend homozygote Linien gezüchtet werden können. Die Integration fremder DNA führt häufig zu keinen oder geringfügigen Funktionsstörungen, daneben treten jedoch auch schwere Veränderungen auf, die zum Teil Modelle menschlicher Krankheiten darstellen, und schließlich kann sich der Eingriff am Genom so schwer auswirken, daß die betroffenen Tiere nicht überleben.

Die Bedeutung der Transgen-Technik liegt darin, daß Gene in bestimmten Geweben und Zellarten exprimiert werden können, sofern Kodiersequenzen des Gens an Regulatorsequenzen angehängt werden, die unter physiologischen Bedingungen die selektive Genexpression in den gewünschten Zielstrukturen steuern. Beispielsweise werden lymphozytäre Promotoren und «Enhancer» zur Expression von Genen in Lymphozyten und der Insulin-Promotor zur Genexpression in den β-Zellen der Pankreasinseln verwendet.
Noch eindeutigere Aussagen über die Hauptfunktion eines Gens *in vivo* sind möglich, wenn dieses gezielt mutiert oder zerstört werden kann («knocked-out»). Das Prinzip der Produktion von «knockout»-Mäusen beruht auf dem Phänomen der homologen Rekombination. Fremde Gensequenzen, die Homologien mit dem anvisierten Genlocus aufweisen, rekombinieren bevorzugt mit den entsprechenden Sequenzen der Ziel-DNA. Das homologe DNA-Segment wird mit einem Vektor versehen, der typischerweise ein Neomyzin-Resistenz-Gen sowie ein Thymidinkinase-Gen enthält. Findet eine homologe Rekombination statt, wird nur das Neomyzin-Resistenz-Gen eingebaut, bei zufälliger Integration zudem das Thymidinkinase-Gen. Werden die transfizierten Zellen in ein Medium gebracht, das Neomyzin und FIAU (eine Substanz, die durch die Thymidinkinase zu einem toxischen Produkt abgebaut wird) enthält, überleben nur Zellen mit homologer Rekombination.
Zur gezielten Genveränderung wird das gewünschte DNA-Segment zunächst in Zellen einer embryonalen Stammzell-Linie (ES) der Maus gezielt ausgetauscht. Abkömmlinge dieser ES-Zellen entwickeln sich zu normalen, differenzierten Geweben, welche die nicht funktionellen, fremden Gene exprimieren, mit denen sie transfiziert wurden. Kolonien von Zellen mit homologer Rekombination werden auf die oben beschriebene Weise selektioniert. ES-Zellen, bei denen die beabsichtigte Rekombination durch DNA-Untersuchungen verifiziert werden konnte, werden in Blastozysten injiziert und zur Austragung in pseudoschwangere Weibchen implantiert. Die sich entwickelnden

Abb. 68: Aktivierte T-Zellen. $CD4^+$ T-Lymphozyten wirken aufgrund ihres Zytokinprofils entweder als TH1-Zellen auf Makrophagen aktivierend oder vermitteln als TH2-Zellen Hilfe an B-Lymphozyten, die zu allergischen Reaktionen führen kann. $CD8^+$ T-Lymphozyten zerstören Zielzellen durch membranschädigende Enzyme (Perforin, Gramzyme) oder durch Auslösung einer Apoptose (Bindung von Fas an den Fas-Liganden). GM-CSF = Granulozyten/Monozyten Koloniestimulierender-Faktor; TNF = Tumornekrose-Faktor; IL = Interleukin; Fas = Rezeptor der TNF-Familie.

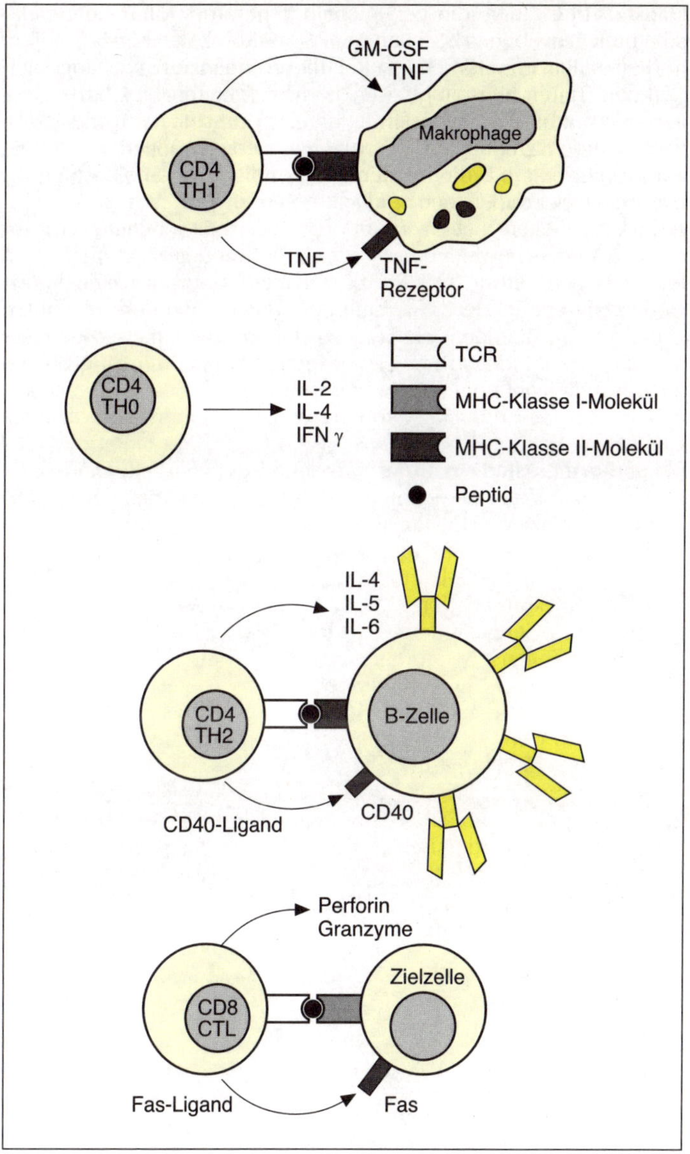
GM-CSF
TNF
Makrophage
CD4
TH1
TNF
TNF-
Rezeptor
TCR
CD4
TH0
IL-2
IL-4
IFN γ
MHC-Klasse I-Molekül
MHC-Klasse II-Molekül
Peptid
IL-4
IL-5
IL-6
CD4
TH2
B-Zelle
CD40
CD40-Ligand
Perforin
Granzyme
Zielzelle
CD8
CTL
Fas-Ligand
Fas

Mäuse sind Chimären in bezug auf den heterozygoten Gendefekt, d.h. einige der Gewebe stammen von ES-Zellen ab, andere von normalen Blastozysten. Kreuzung dieser Chimären mit normalen (Wildtyp) Tieren führt zu Mäusen, die durch Keimbahn-Übertragung in bezug auf die Genveränderung heterozygot sind. Ausgehend von diesen Heterozygoten erhält man durch konventionelle Züchtung homozygote Mäuse, die in allen Körperzellen ein ganz bestimmtes Gen nicht oder nur ungenügend exprimieren.

«Knockout»-Mäuse haben neue Wege zur funktionellen Untersuchung vieler verschiedener Moleküle eröffnet. Ihre Verfügbarkeit führte auch zur Einsicht, daß viele wichtige Genprodukte eigentlich «redundant» sind, d.h. der Ausfall eines Gens kann durch Produkte anderer Gene kompensiert werden. Die Verfügbarkeit von transgenen und «knockout»-Mäusen eröffnet zudem die Möglichkeit, nicht nur die Funktionen einzelner Gene sondern auch Zusammenwirken und hierarchische Ordnung von Genkomplexen zu untersuchen.

Man erwartet, daß die mit diesen Techniken erzielten Kenntnisse im nächsten Jahrzehnt in zunehmendem Maße im Rahmen der somatischen Gentherapie in die Praxis umgesetzt werden können.

Glossar

ADCC («antibody-dependent cell-mediated cytotoxicity»): durch K-Zellen vermittelte Zytotoxizität.

Adhäsionsmoleküle. Oberflächenmoleküle, die an der direkten Zell-Zell- oder Zell-Substrat-Bindung beteiligt sind (z. B. ICAM).

Affinität. Maß für die Bindungsstärke zwischen zwei Molekülen, z. B. zwischen Antigendeterminante (Epitop) und Antikörperbindungsstelle (Paratop).

Akute-Phase-Proteine. Serumproteine, die in der Frühphase der Entzündungsreaktion mehrheitlich in der Leber gebildet werden.

Allel. Eine von verschiedenen Varianten eines Gens eines bestimmten Genlocus, die eine bestimmte Eigenschaft kontrolliert.

Allergen. Antigen, das eine allergische IgE-vermittelte Überempfindlichkeitsreaktion (Typ I) auslöst.

Alloimmunisierung. Vorgang, durch den sich ein Individuum Immunität gegen Transplantationsantigene eines andern Individuums derselben Spezies erwirbt (z. B. als Folge einer Organtransplantation).

Anaphylaxie. Soforttyp-Überempfindlichkeitsreaktion (Typ I), die durch IgE-vermittelte Mastzelldegranulierung ausgelöst wird und Vasodilatation sowie Kontraktion glatter Muskelfasern bewirkt. Die Reaktion führt zu einem Schockzustand und kann einen letalen Verlauf nehmen.

Angeborene Immunität. Natürliche, unspezifische Resistenz.

Antigen. Molekül, das sich spezifisch mit einem Antikörper oder einem T-Zellrezeptor bindet.

Antigendeterminante (Epitop). Teil eines Antigens, mit dem ein spezifischer Antikörper oder T-Zellrezeptor-Molekül reagiert.

Antigenpräsentierende Zellen (APZ). Zellen (z. B. Makrophagen, dendritische Zellen, B-Lymphozyten), die Antigene verarbeiten und Antigenpeptide auf MHC-Klasse II-Molekülen $CD4^+$ T-Lymphozyten präsentieren (dies ist die klassische Definition einer APZ, doch wird der Begriff manchmal auch auf Zellen angewandt, die in ähnlicher Weise Antigen auf MHC-Klasse I-Molekülen $CD8^+$ T-Lymphozyten anbieten).

Antikörper. Nach Antigenkontakt von Lymphozyten produziertes und sezerniertes Molekül, das die Eigenschaft besitzt, sich mit dem auslösenden Antigen spezifisch zu binden.

Antikörper-abhängige zellvermittelte Zytotoxizität. s. u. *ADCC*.

Apoptose (programmierter Zelltod). Form von physiologischem Zelltod, der durch die zugrundegehende Zelle selbst kontrolliert wird.

Atopie. Klinisches Bild der Überempfindlichkeit vom Typ I (IgE-vermittelte Allergie), einschließlich allergische Rhinitis (Heufieber), Ekzem, Asthma und verschiedene Nahrungsmittelallergien.

Autoimmunkrankheit. Krankheit, deren Auslösung oder Progredienz auf spezifische Reaktionen des Immunsystems gegen körpereigene Gewebe oder Antigene zurückgeführt werden kann.

B-Zelle. Lymphozyt, dessen Differenzierung in sekundären lymphatischen Geweben stattfindet, und der an seiner Oberfläche Antigenrezeptoren in Form von Immunglobulinen aufweist.

Basophiler Granulozyt. Granulozyt, der Rezeptoren für IgE-Antikörper besitzt und sich an Überempfindlichkeitsreaktionen vom Typ I beteiligen kann.

Bildgebung («imaging»). Methode, mit der die Lokalisation eines injizierten, radioaktiv markierten Antikörpers mit einer Gamma-Kamera sichtbar gemacht wird; verwendet zur Lokalisierung von Neoplasmen mit antitumoralen Antikörpern.

Chemokine. Familie verschiedener Moleküle, die chemotaktische Aktivität aufweisen und als Zellaktivatoren der Entzündungsreaktion wirken.

Chemotaxis. Gerichtete Wanderung von Zellen als Reaktion auf einen Konzentrationsgradienten chemotaktisch wirkender Substanzen.

Chimären-Antikörper. Künstlich hergestellter Antikörper, der als Folge der Manipulation auf Ebene der genetischen Information oder des Proteins aus verschiedenen Spezies stammende Anteile aufweist.

Class switching: s. u. *Klassenwechsel*.

Complementarity-determining regions (CDR): s. u. *Komplementaritäts-bestimmende Regionen*.

Dendritische Zellen. Antigenpräsentierende Zellen in Lymphknoten, Milz, Haut und – in geringerer Zahl – Blut, die für die Stimulation von T-Zellen besonders wichtig sind.

Domänen. Begrenzte Abschnitte eines Makromoleküls, die konstante oder variable Regionen aufweisen und für bestimmte Eigenschaften des Moleküls verantwortlich sind (z. B. Immunglobuline).

Entzündung. Lokale Gewebereaktion als Folge von Verletzung oder anderen Schädigungen, die durch Schmerz, Überwärmung, Rötung und Schwellung gekennzeichnet ist. Die Reaktion umfaßt Prozesse wie veränderte Muster der Durchblutung, Einwanderung von Granulozyten, Makrophagen sowie Lymphozyten, Ausschaltung des auslösenden Antigens und Reparation des geschädigten Gewebes.

Eosinophiler Granulozyt. Granulozyt (Anteil an peripheren weißen Blutzellen weniger als 5%), der Granula mit kationischen Proteinen enthält, die Entzündungsreaktionen modulieren können; besonders wichtig bei atopischen allergischen Reaktionen und bei der Kontrolle von Parasiteninfekten.

Epitop. s. u. *Antigendeterminante*.

Erworbene Immunität. Immunreaktion, die unter Beteiligung von Lymphozyten die Eigenschaften Spezifität, Anpassungsfähigkeit, Gedächtnis und Fähigkeit zur Unterscheidung von «selbst» und «fremd» aufweist.

Gedächtnis (immunologisches). Kennzeichen der spezifischen Immunantwort, die bei Folgebegegnung mit dem auslösenden Antigen schneller und verstärkt abläuft.

Genrekombination. Vorgang, der Teile verschiedener Gene oder Gensegmente zu einem neuen Gen vereinigt.

Gensegment. Bestimmter Abschnitt der Keimbahn-DNA, der zur Struktur eines funktionellen Gens beiträgt.

Gewebetypisierung. Laboratoriumsmethoden, welche die Bestimmung von Gewebe- und Zellantigenen (vor allem HLA-Polymorphismen) erlauben; derartige Untersuchungen sind für die Gewebe- und Organtransplantation und die Klärung genetischer Beziehungen zu bestimmten Krankheiten wichtig.

Haplotyp. Satz von Allelen (Genen) eines elterlichen Chromosoms.

Heufieber. Allergische Überempfindlichkeit (Typ I) gegen Umweltantigene (z.B. Pflanzenpollen, Hausstaub), bei der eine Entzündung der Schleimhäute von Augen, Hals und Lungen im Vordergrund steht und die mit lokalem Brennen, Niesen und Atembeschwerden einhergeht.

Histamin. Wichtiges vasoaktives Amin, das aus Granula der Mastzellen und basophilen Granulozyten freigesetzt wird.

HLA. Hauptkomplex der Histokompatibilitätsgene des Menschen (s.a.u. *MHC*).

«Humanisierter» Antikörper. Antikörper, bei dem einem Gerüst eines menschlichen Immunglobulins Antigenbindungsstellen eines tierischen Immunglobulins angefügt wurden.

Hybridom. Zellinie, die durch Fusion zweier verschiedener Zelltypen (meist Lymphozyten und neoplastische Zellen) zustandekommt.

Idiotop. Antigendeterminante der V-Region eines Antikörpers oder T-Zellrezeptors; verschiedene Idiotope bilden einen Idiotyp. (Anti-Idiotyp: ein Antikörper, der spezifisch gegen einen Idiotyp gerichtet ist)

Immunglobuline. Bezeichnung für die Familie von Proteinen mit Antikörpereigenschaften.

Immunkompetenz. Fähigkeit des Immunsystems oder seiner Zellen, auf immunologisch spezifische Weise zu reagieren.

Immunkomplex. Produkt einer Antigen-Antikörper-Reaktion, manchmal mit Beteiligung von Komplementkomponenten.

Immunoassay. Laboratoriumsmethode zur quantitativen Bestimmung einer Substanz durch Einsatz spezifischer Antikörper.

Immunüberwachung («immune surveillance»). Theoretischer Prozeß, der auf der Annahme beruht, daß zirkulierende Lymphozyten dauernd für die Überwachung und Elimination von körpereigenen Zellen sorgen, die durch Mutation oder Schädigung hervorgerufene, potentiell neoplastische Veränderungen aufweisen.

Impfung. Absichtliche Exposition einer Person mit einem infektiösen Mikroorganismus (meist in irgendeiner Form verändert) oder eines mikrobiellen Antigens, mit der Absicht eine spezifische Immunität gegen den Erreger oder seiner Produkte herbeizuführen.

Interferone (IFN). Gruppe von Mittlersubstanzen, welche die Widerstandsfähigkeit von Zellen gegen Virusbefall steigern und als Zytokine wirken; IFNγ ist zudem ein wichtiges immunologisches Signalmolekül.

Interleukine. Von Leukozyten gebildete Moleküle, die der Signalübermittlung zwischen Zellen des Immunsystems und anderen Zellen dienen.

Internes Abbild («internal image»). Abschnitt gewisser Anti-Idiotypen-Antikörper (Ab2), der mit der Antigenbindungsstelle des Antikörpers (Ab1) eine Bindung eingeht und die Struktur des ursprünglichen Antigens widerspiegelt.

Isotyp: Eigenschaft der konstanten Regionen der H-Ketten der Immunglobuline, welche die Zugehörigkeit zu einer Ig-Klasse bestimmen.

K-Zellen: s. u. *Killer-Zellen*.

Keimbahn-DNA. Von den Eltern vererbte DNA, die aus den Gameten stammt.

Keimzentrum. Struktur peripherer lymphatischer Gewebe, die aus einem Gerüst dendritischer Zellen und proliferierenden sowie Gedächtnis-B-Zellen besteht.

Killer-Zellen (K-Zellen). Gruppenbezeichnung für Lymphozyten, Makrophagen und anderen Zellen, die ihre Zielzellen mittels Antikörperabhängiger zellvermittelter Zytotoxizität zerstören; verfügen über Fc-Rezeptoren.

Klassenwechsel («class switching»). Vorgang der Neuordnung von V-C-Gensegmenten der B-Zellen, durch den ein neuer H-Ketten-Isotyp entsteht, ohne daß die Spezifität des gebildeten Antikörpers verändert wird.

Klon. Familie von Zellen oder Organismen mit genetisch identischen Eigenschaften (daher: klonieren = einen Klon herstellen).

Komplement. Gruppe von Serumproteinen, die an der Kontrolle der Entzündungsreaktion, der Aktivierung von phagozytierenden Zellen und der Lyse von Zellmembranen beteiligt sind.

Komplementarität-bestimmende Regionen («complementarity determining regions», CDR). Abschnitte der V-Region eines Antikörpers oder eines T-Zellrezeptors, die für die Antigen- oder die Antigen-MHC-Bindung verantwortlich sind.

Langerhans Zelle. Antigenpräsentierende, dendritische Zelle in der Epidermis, die an ihrer Oberfläche Fc-Rezeptoren und MHC-Klasse II-Moleküle aufweist.

«Large granular lymphocyte» (LGL). Morphologisch ein großer granulierter Lymphozyt; weist im Zytoplasma lysosomale Granula auf und wirkt als NK- oder K-Zelle.

Leukotriene. Pharmakologisch aktive Abkömmlinge der Arachidonsäure; verschiedene Leukotriene spielen bei akuten Entzündungs- und Typ I-Überempfindlichkeitsreaktionen eine zentrale Rolle.

Lymphknoten. Eine der vielen Strukturen des lymphatischen Systems, die durch Lymphgefäße miteinander verbunden sind; enthält in einem netzartigen Gerüst Lymphozyten und antigenpräsentierende Zellen und ist der Ort, wo Lymphozyten durch Antigenkontakt aktiviert werden, und wo sich Gedächtniszellen aufhalten.

Lymphokin-aktivierte K-Zellen (LAK). NK- und K-Zellen, die nach Aktivierung mit IL-2 *in vitro* verstärkte zytotoxische Eigenschaften aufweisen.

Lymphozyt. Zelle, die an ihrer Oberfläche spezielle Rezeptormoleküle aufweist und dadurch befähigt ist, mit Antigenen spezifisch zu reagieren; gehört einer der drei Typen (T-, B-Lymphozyten, LGL) immunologisch reaktiver Zellen an.

Lymphokine. Bezeichnung für Zytokine, die von aktivierten Lymphozyten (vor allem T-Zellen) produziert werden und als interzelluläre Signalstoffe der Immunantwort wirken.

Lysozym. Meist in kristalliner Form vorliegendes, basisches Enzym in den Granula phagozytierender Zellen sowie in Tränenflüssigkeit, Speichel und Sekreten der Atemwege; spaltet Mukopeptide bakterieller Zellwände und wirkt daher als unspezifisches, antibakterielles Agens.

Makrophage. Große, von Blutmonozyten abstammende Zelle, die funktionell in Phagozytose, Antigenpräsentation oder Zytotoxizität (*ADCC*, s. d.) aktiv ist.

Mastzelle. Aus dem Knochenmark stammende Gewebezelle; den basophilen Granulozyten ähnlich und mit Fc-Rezeptoren für IgE versehen; Schlüsselzelle allergischer Reaktionen (Typ I-Überempfindlichkeit).

MHC («major histocompatibility complex»). Hauptkomplex der Histokompatibilitätsgene bei allen Säugern (wahrscheinlich bei allen Wirbeltieren), der die Aktivität von T-Lymphozyten reguliert; für die Expression individueller Zellmerkmale verantwortlich; trägt daher zu Abstoßungsreaktionen aufgrund von Gewebeunverträglichkeit bei.

Milz. Sekundäres lymphatisches Organ, das ohne Lymphgefäßverbindungen mit dem lymphatischen System direkt in die Blutzirkulation eingeschaltet ist; funktionell einem Lymphknoten vergleichbar.

Monoklonaler Antikörper. Homogener Antikörper, der von einem B-Zell-Klon (meist als Hybridom) produziert wird.

Monozyt. Aus dem Knochenmark stammende, phagozytierende Blutzelle, die bei Austritt aus der Zirkulation in das Gewebe zum Makrophagen wird.

Mutation. Änderung des Gen-Codes; tritt spontan auf oder nach ionisierender Bestrahlung sowie Kontakt mit gestimmten chemischen Stoffen (Mutagene); das durch das mutierte Gen kodierte Protein kann eine veränderte Struktur aufweisen.

Natürliche Killerzelle (NK-Zelle). Großer granulierter Lymphozyt mit zytotoxischen Eigenschaften; besitzt keine Ig- oder T-Zellrezeptoren, kann jedoch gewisse Tumorzellen ohne MHC-Restriktion erkennen und zerstören.

Neutrophiler Granulozyt. Phagozytierende Blutzelle mit zytotoxischer Fähigkeit; Hauptzelle der akuten entzündlichen Reaktion; besitzt Fc-Rezeptoren und kann sich an der ADCC (s. d.) beteiligen.

Onkogene. Gene, die das Zellwachstum kontrollieren; bei ungeeigneter («falscher») Expression für neoplastische Transformation verantwortlich.

Opsonisierung. Vorgang, der durch Anlagerung von Opsoninen (z.B. Antikörper und C3b) an das Antigen auf die Phagozytose fördernd wirkt.

Plasmazelle. Aus einem aktivierten B-Lymphozyten hergeleitete, differenzierte antikörperproduzierende Endzelle.

Polymorphismus. Expression eines von vielen (zwei und mehr) verschiedener Allele (Alternativformen) eines bestimmten Gens an einer bestimmten Stelle (Locus) des Chromosoms.

Privilegierte Stelle. Gewebe, in dem sich normalerweise keine Zellen des Immunsystems aufhalten (z.B. Hornhaut des Auges); Abstoßungsreaktionen gegen solche Gewebe sind meist nur schwach ausgeprägt.

Prostaglandine. Pharmakologisch aktive Abkömmlinge der Arachidonsäure; verschiedene Prostaglandine beeinflußen Zellbeweglichkeit und Immunreaktionen.

Schleimhäute (Schleim). Gesamtheit der Zellen, die den Atem-, Verdauungs- und Urogenitaltrakt auskleiden und Schleim absondern; bilden eigentlich die innere Körperoberfläche und somit eine wichtige Barriere gegen das Eindringen von Mikroorganismen.

Sekundärantwort. Immunantwort nach zweiter oder weiterer Begegnung mit einem bestimmten Antigen.

Serumkrankheit. Ursprünglich Immunantwort als Folge wiederholter Exposition mit artfremden Serumproteinen, die zur Bildung von Immunkomplexen und gewebeschädigenden Überempfindlichkeitsreaktionen vom Typ III führt; kann bei kontinuierlicher oder wiederholter Exposition mit jedem Fremdantigen auftreten.

«Site-directed mutagenesis». Im Laboratorium verwendete Methode, mit der die Code-Sequenz eines bestimmten Genabschnitts so verändert wird, daß ein Protein mit neuer Aminosäurensequenz sowie anderer Struktur und Funktion entsteht.

Spättyp-Überempfindlichkeit («delayed-type hypersensitivity», dth). Bei chronischen Infekten wichtige Immunreaktion, die sich nach Injektion des spezifischen Antigens (z.B. Tuberkulin bei Tuberkuloseverdacht) in die Haut durch ein verzögertes Entstehen der Läsion auszeichnet (klassischerweise den Reaktionen von $CD4^+$ T-Zellen zugeschrieben).

Spezifität. Kennzeichen der Reaktion von Lymphozyten, die nur mit Antigenen reagieren, die mit ihren Rezeptoren eine Bindung eingehen; der Antigenrezeptor jedes Lymphozyten weist in Struktur und Bindungseigenschaften feine Unterschiede zu den Rezeptoren aller andern Lymphozyten auf.

Stammzelle. Pool von Zellen, der sich ständig selbst erneuert und differenzierte Tochterzellen produziert, die sich in ihren Eigenschaften von der Mutterzelle unterscheiden.

Superantigen. Antigen, das außerhalb der Peptidbindungsstelle mit einem MHC-Molekül reagiert und die meisten (oder alle) T-Zellen stimuliert, die in ihrem Rezeptor bestimmte V-Regionen aufweisen.

T-Helferzelle. $CD4^+$ T-Lymphozyt, der Interleukine bildet, die B-Zellen zur Antikörperproduktion aktivieren; interagiert auch mit und aktiviert $CD8^+$ T-Zellen.

T-Suppressorzellen. Funktionelle Bezeichnung für T-Lymphozyten ($CD4^+$ und $CD8^+$), die für eine Hemmung der Immunreaktion verantwortlich sind.

T-Zelle. Lymphozyt, der aus dem Knochenmark stammt und während seiner Entwicklung den Thymus passierte; reagiert über einen spezifischen Rezeptor mit Antigenpeptiden.

T-Zellrezeptor (TCR). Antigenrezeptor der T-Lymphozyten, der entweder aus einem α/β-Dimer (TCR2) oder einem γ/δ-Dimer (TCR1) in enger Assoziation mit dem CD3-Molekülkomplex besteht.

Thrombozytopenie. Verminderte Zahl von Thrombozyten im Blut.

Thymus. Primäres lymphatisches Organ in der Hals-Brustregion, in dem sich T-Lymphozyten zu immunkompetenten Zellen differenzieren.

Transplantationsantigen. Jedes Gewebeantigen, das beim Empfänger des Transplantats eine Immunreaktion auslöst; beim Menschen Antigene der HLA- und ABO-Blutgruppen-Systeme.

Zytokine. Allgemeiner Begriff für lösliche Moleküle der interzellulären Signalübermittlung, einschließlich Interleukine, Interferone, Kolonie-stimulierende Faktoren und Tumornekrose-Faktor.

Zytotoxische T-Zelle. T-Zelle mit zytotoxischer Aktivität gegen jede Zielzelle, welche das mit dem TCR spezifisch reagierende Antigen an ihrer Oberfläche exprimiert.

Zytotoxizität. Vorgang des Abtötens einer Zelle durch Einwirkung einer anderen Zelle oder chemischer Substanzen.

Register

kursiv gedruckte Seitenzahlen verweisen auf eine *Abbildung*.